MAX WOLF

GLÜCKS-REAKTOR

ROMAN

TEMPO

TEMPO Bücher erscheinen im
Hoffmann und Campe Verlag, Hamburg.

1. Auflage 2018

www.hoca.de
Satz: Pinkuin Satz und Datentechnik, Berlin
Gesetzt aus der Candida Std
Druck und Bindung: CPI books GmbH, Leck
Printed in Germany
ISBN 978-3-455-00439-7

HOFFMANN UND CAMPE

Ein Unternehmen der
GANSKE VERLAGSGRUPPE

You gotta peak'em, let'em relax,
and then peak again.
I gotta drive those kids hard.
They wanna be driven.

David Morales

Die Energie der Welt ist konstant.
Die Entropie der Welt
strebt einem Maximum zu.

Rudolf Clausius

1

Wenn ich nicht sicher bin, ob ich es mit einer Ameise zu tun habe, dann lasse ich folgenden Text ab. Wir sind doch nur eine bessere Aspirintablette, sage ich dann. Wir werden ins Leben geworfen, sprudeln für ein paar Sekunden, und dann lösen wir uns ins Nichts auf. Ameisen, wie mein Vater und 99 Prozent der anderen Zellhaufen, die hier so herumkriechen, können damit nichts anfangen. Ich haue diesen Text raus, schaue mein Gegenüber an und kann sehen, wie die elektrischen Impulse hilflos durch seine Gehirnwindungen flackern. Gehirnwäsche gelungen.

Als Reaktion kommen dann stumpfe Blicke, Schulterzucken oder Sätze wie: So ist das halt, damit muss man sich eben abfinden.

Wenn meine Gehörknöchelchen solche Signale empfangen, dann ist alles klar: Vor mir steht eine Ameise. Wenn mein Gegenüber aber auch nur minimales Verständnis zeigt, leite ich die zweite Stufe meines Tests ein. Was den Vogel abschießt, sage ich dann, ist, dass fast jeder selbst auf dieses kurze Sprudeln verzichtet. Total freiwillig. Warum sprudeln, wenn ich mich auch komplett lautlos auflösen kann? Warum leben, wenn man auch sofort sterben kann?

Wer mit diesem Beat etwas anfangen kann, schwingt

auf meiner Wellenlänge. Alle anderen können sich meinetwegen auch sofort auflösen.

Ich gehe in die Horizontale und erhebe mich in die Luft. Dreißig Meter über dem Boden zücke ich mein Megaphon. Achtung, Achtung, das ist eine wichtige Durchsage. Alle, die ihr Leben auf der Leidenschaftssparflamme leben, alle, die nur die Kopie eines anderen sind, lösen sich auf. Alle Hausfrauen-Frauen, die ihr Leben damit verbringen, ihren Ameisenmännern die Hemden zu bügeln, alle schlipstragenden Siemensangestellten, die stundenlang das Blech ihres Autos polieren, alle Ärzte und Rechtsanwälte, die schon als Kinder wussten, dass es nichts Schöneres gibt, als das Leben ihrer Eltern zu kopieren, all die werden gebeten, sich zum Ausgang zu bewegen und zum nächstmöglichen Zeitpunkt aufzulösen. Am besten sofort.

Eine Welt ohne Ameisen. Eine Welt ohne Imitate. Manchmal stelle ich mir vor, wie das wäre. In Faitach jedenfalls würde diese Auflöseaktion mit einem Schlag massig Platz schaffen. Faitach, das ist das Kaff, in dem meine Eltern wohnen und in dem ich die letzten siebzehn Jahre meines Lebens verschwendet habe. Faitach, das sind sechstausend Ameisen, zwei Kindergärten, eine Grundschule, ein paar Sportvereine, eine Jugend- und Trachtenkapelle, ein Obst- und Gartenbauverein. In den Jahren 1975 bis 1977 hat der Bauunternehmer Michael Hübel in Faitach siebzehn Mal das gleiche Einfamilienhaus gebaut. Siebzehn identische Häuser für siebzehn identische Ameisenfamilien in einer Straße mit dem Namen Dr. Ritterweg. Das dritte Haus im Dr. Ritterweg ist das Haus meiner Eltern,

Dr. Ritterweg 8, man erkennt es an dem braunen Jägerzaun, den hat sonst niemand in der Straße. Hinter dem Haus haben meine Eltern einen kleinen Gemüsegarten angelegt, auf der Terrasse steht ein Vogelhäuschen, das man vom Esszimmer aus beobachten kann. Wenn man diese Eckdaten als Argumente in die Lebendigkeitsfunktion füttert, dann ist klar, wo man rauskommt: auf einem globalen Maximum der Leblosigkeit, mitten in einem perfekt vorgestanzten Ameisenleben. Und genau da bin ich aufgewachsen.

Samstags, nach dem Frühstück, bleibt mein Vater am Esstisch sitzen, dann blättert er lange durch die Prospekte der Supermärkte, dann notiert er die neuesten Angebote von Norma, Aldi und Co. So kann man Geld sparen, sagt er. So kann man seine Zeit verschwenden, sage ich. Aber wenn man nichts anderes zu tun hat, wenn man sich dafür entschieden hat, als Kopie zu leben, dann ist das ja auch egal. Und während mein Vater sich weiterbildet, steht meine Mutter in der Küche und spült. Danach ruft sie ihre Schwester an oder Gabi Gerster.

Die Frauen im Dr. Ritterweg sind Hausfrauen, die Männer Ingenieure und Kaufmänner. Alle arbeiten bei Siemens. Faitach liegt nämlich nur zwölf Kilometer entfernt von Erlangen. Und Erlangen, das hat mein ein Meter zweiundneunzig großer Vater mir einmal mit insektenmäßigem Stolz erklärt, Erlangen ist der größte Standort der Siemens Aktiengesellschaft. Weltweit. Und deshalb ist Erlangen, Faitach und jedes der anderen sechs Käffer zwischen Erlangen und Faitach bevölkert mit fleißigen Siemensameisen. Und natürlich ist mein Vater genau so eine Ameise.

Morgens, zwischen halb sieben und halb acht, da öffnen sich die Haustüren im Dr. Ritterweg, da kommen die Ameisen herausmarschiert, mit Anzug und Krawatte, die Aktentasche in der einen, den Mazda- oder Opelschlüssel in der anderen Hand. Dann marschieren sie zu ihren Autos, dann fahren sie nach Erlangen, dann setzen sie sich an ihren Arbeitsplatz, in einem der neun Siemens-Bürohäuser von Erlangen. Jetzt geht es an die Arbeit. Telefonieren, Notizen machen, Papiere abheften, den Finger in das Nasenloch schieben, die Insektenaugen in die Decke bohren. Zwischen 11:30 Uhr und 13:30 Uhr darf man zur Mittagspause, dann kriechen die durch die langen Gänge und rufen sich ihren Siemensianerschlachtruf entgegen, *Mahlzeit*, *Mahlzeit*, *Mahlzeit*, jedem, der einem entgegenkommt, wird das zugerufen. Pünktlich nach dreißig Minuten geht es zurück an den Arbeitsplatz. Um 17:00 Uhr ist Feierabend, dann wird die Aktentasche gepackt, dann geht es nach Hause, dort wartet die Frau am gedeckten Tisch.

Das Leben dieser Ameisen ist ein Pendel, das mit regelmäßigen Bewegungen hin- und herschwingt, immer in derselben vorgegebenen Bahn, ohne auch nur ein einziges Mal abzuweichen. Nach und nach wird dieses Pendel langsamer, irgendwann bleibt es stehen. Dann ist alles vorbei. Dann hat sich die Tablette aufgelöst, ohne auch nur ein einziges Mal gesprudelt zu haben. Irgendwann funkten diese Erkenntnisse durch meine Schaltungen. Und seitdem weiß ich: Mein Leben wird nicht so sein. Ich werde mein Leben nicht in diesem Kaff verbringen. Ich werde nicht für irgendein Unternehmen arbeiten und irgendwelche sinnlosen Produkte verkaufen. Ich werde nicht einfach das Leben meiner Eltern oder das von irgendjemand anderem kopieren. Ich werde keine Ameise. Ich will sprudeln!

2

Die Flugbahn eines Körpers wird durch die Kräfte bestimmt, die an diesem Körper ansetzen: Die Schwerkraft wirkt senkrecht nach unten, die Bewegungskraft in die Horizontale. Die resultierende Bahn ergibt sich aus der Addition dieser beiden Kräfte mithilfe eines Kräfteparallelogramms. Ameisen sind punktförmige Körper, die sich auf einer perfekt vorgezeichneten Flugbahn bewegen, am Ende dieser Bahn wartet das schwarze Loch der unendlichen Nichtexistenz. Das ist das erste Ameisenflugbahngesetz. Irgendwann katapultiert sich dieser ein Meter dreiundachtzig große, sechsundsiebzig Kilogramm schwere Zellhaufen, der von seinen Eltern siebzehn Jahre zuvor einmal Frederick genannt wurde, auf eine komplett neue Flugbahn. Ich verlasse das Ameisengravitationsfeld.

Ich kenne niemanden, hat mein Vater gesagt, der daheim auszieht, bevor er die Schule beendet hat. Genau so flackern die Gehirnströme meines Vaters. Immer mit der Masse und dem Durchschnitt argumentieren. Niemals aus der Reihe tanzen. Immer brav auf dem vorgestanzten Pfad bleiben.

Vor einem Jahr oder so habe ich ihn einmal gefragt, warum er eigentlich Ingenieur geworden ist. Erst hat er mich nur angeglotzt und nichts gesagt. Als ob er nicht wüsste, warum er überhaupt lebt. Er hätte damals gelesen, hat er dann gesagt, dass die Wirtschaft Ingenieure suche. Dass das ein sicherer Beruf sei. Ich habe meinen Vater angeschaut und konnte nicht glauben, was er da gesagt hatte. Und plötzlich war mir klar, dass ich die Kommunikation mit meinem Vater komplett einstellen kann.

Von diesem Moment an habe ich den Druck im Kessel erhöht. Bei jeder Gelegenheit habe ich meinen Eltern an den Latz geknallt, dass ich raus will. Raus aus diesem Ameisenhäuschen im Dr. Ritterweg, raus aus Faitach, raus aus diesem vorgestanzten Leben. Ich will raus hier. Irgendwann schaltet meine Mutter auf Dauerweinmodus, mein Vater schreit die ganze Zeit herum und knallt die Türen. Dann habe ich sie soweit. Sie zahlen mir meine eigene Bude und dazu noch zweihundert Mark im Monat zum Leben. Kurz darauf ziehe ich nach Erlangen, in eine achtzehn Quadratmeter große Einzimmerwohnung im siebten Stock eines Hochhauses, in der Gerhart-Hauptmann-Straße 11. Es ist der 1. September 1994, zehn Tage vor dem Ende der Sommerferien und dem Beginn der zwölften Klasse.

Den Umzug zieht meine Mutter mit mir durch. Meine Mutter und ich sitzen im Auto nach Erlangen, im Anhänger sind die Umzugskartons mit meinen Sachen, mein Vater sitzt im Ameisenkostüm an seinem Siemensianerschreibtisch und ordnet Akten. Meine Mutter schleppt mit mir die Sachen in meine Bude, sie stellt mir den Schrank und den Schreibtisch auf, dann räumt sie den Küchenschrank ein und bezieht mir die Matratze. Dann drückt sie mir noch fünfzig Mark in die Hand.

Kurz nachdem meine Mutter abzieht, läuft mein bester Kumpel Nick hier ein. Nick steht im kleinen Flur, er öffnet die Tür zum Bad und schiebt seinen Kopf hinein, er streicht mit den Fingern über die beiden Kochplatten und die Spüle, dann macht er zwei Schritte und steht mitten in meinem Zimmer. Sein Blick gleitet über die Matratze, den kleinen Schreibtisch, die Umzugskartons.

Geile Bude, Alter, sagt Nick und lacht. Und in diesem Moment ist Nick wieder diese 1-A Comicfigur, mit seinem großen, schlaksigen Körper, der viel zu kurzen Jeansjacke, die hoch über dem Gürtel hängt, und seinen schulterlangen lockigen Haaren, die hinten aus seinem Cap herausquellen. Verdammt geile Bude, wiederholt Nick und hebt seine Rechte zum High-Five. Seine Unterlippe glänzt feucht, das ist Nicks Sprudelindikator, das ist seine Lebendigkeitsäquivalenzbedingung, Unterlippe feucht heißt, Nick ist am Sprudeln und umgekehrt, so einfach ist das. Ich schlage ein, die Nadel meines Stimmungsbarometers schiebt sich in den tiefgrünen Bereich: Erlangen, meine eigene Bude, Nick – meine Sprudelsensoren vibrieren, oh ja, ich will, dass das nie aufhört, ich will, dass es monstermäßig sprudelt in meinem Leben, das fühlt sich so tierisch gut an.

Wir flacken uns auf die Matratze. Nick fummelt in den Taschen seiner Jeansjacke herum, dann liegen OCBs, Zigaretten und ein Tütchen mit Piece vor uns auf dem Teppich. Nick zieht eine Zigarette aus der Schachtel und fängt an, das Teil zu rösten.

Was ist mit Mucke?, fragt er.

Noch da drin, sage ich, und deute auf die zwei Umzugskartons in der Ecke.

Warum rauchen wir überhaupt Tüte?, frage ich dann.

Nick starrt mich an und peilt nichts. Dann klickt es in seiner Zentrale, jetzt hat er einen Gesichtsausdruck drauf, als ob er gerade zum ersten Mal gehört hätte, dass wir auch nur aufgemotzte Schimpansen sind.

Alter, sagt er, seine Stimmbänder vibrieren jetzt im kurzwelligen Bereich, das ist nicht dein Ernst.

Meine Mundwinkel gehen auf Maximalausschlag. Vor zwei Wochen haben Nick und ich bei einem Versandhandel in Holland eine Glasbong bestellt, das Teil läuft unter dem Namen Puff Daddy und ist die größte Bong, die die im Sortiment haben. Gestern ist die dann endlich eingetrudelt.

Ich drücke mich von der Matratze nach oben und ziehe die Bong hinter den Umzugskartons hervor.

Darf ich vorstellen, sage ich, die gläserne Schönheit. Vierundsiebzig Zentimeter Länge, ich streiche mit den Fingern langsam am Glasrohr entlang, sieben Zentimeter Durchmesser, ein Chillum von –

Alter, unterbricht mich Nick, halt keine Vorlesungen. Gib das Ding lieber mal rüber.

Kurz darauf hängen wir wieder auf der Matratze.

Ist das ein fetter Kopf, quietscht Nick und hält mir dabei den halbgefüllten Glaskopf hin. Ich habe jetzt locker zwei Gramm aufgeflockt, und das Ding ist nicht einmal zur Hälfte voll.

Mein Blick klebt für einige Sekunden auf dem Teil, dann rauscht die Meldung durch meinen Sehnerv, dass Nick gerade ein frisches Stück Piece aus dem Tütchen fingert.

Entspann dich, Mann, sage ich. Wenn wir uns das reinziehen, ich zeige auf den halb gefüllten Kopf, dann bewege ich mich heute maximal noch zur Toilette.

Nick flockt einfach weiter, dann ist der Kopf bis zum Anschlag gefüllt. Er schiebt die Bong in meine Richtung.

Auf deine Bude, Alter, sagt er.

Ein warmer Neuronenstrom fließt durch meine Leitungen. Meine Mutter sitzt im Fernsehsessel, den Rollladen hinter sich hat sie heruntergelassen, damit die Nachbarn nicht sehen, dass sie um diese Zeit fernsieht. Mein Vater krabbelt auf allen sechsen durch die dunklen Gänge eines Bürogebäudes, genau wie die anderen fünfundzwanzigtausend Erlanger Siemensameisen, Richtung Ausgang. Und ich, ich hänge auf der Matratze in meiner eigenen Bude ab, in Erlangen, mit Nick, der gläsernen Schönheit und einer fetten Ladung schwarzer Afghane.

Ich ziehe langsam und gleichmäßig, um das Rohr möglichst dicht mit Rauch zu füllen. Ich setze ab und lege die Hand über die Öffnung. Das Teil ist noch nicht einmal zur Hälfte gefüllt, Mann. Tief ausatmen und wieder ansetzen, jetzt fülle ich das Rohr bis oben. Noch einmal absetzen und tief ausatmen, dann geht es los. Ich ziehe. Das Wasser blubbert und versetzt mein Trommelfell in angenehme Schwingungen, der Rauch strömt in meine Lunge, ich ziehe weiter, ich darf jetzt nicht aufhören, ich muss meine Lunge bis zum Anschlag füllen, ich ziehe immer weiter, ich spüre, wie das Zeug in meinem Schädel ankommt, ich ziehe und ziehe, das Karussell nimmt Fahrt auf – dann nehme ich den Daumen vom Kickloch und schalte auf Vollbeschleunigung.

Meine Gehirnwindungen werden mit voller Wucht gegen meine Schädelknochen gepresst. Meine Augenlider gehen auf Sinkflug. Mein Körper wird flach auf die Matratze gedrückt. Ich tauche ab. Irgendwo, weit entfernt, fahren Autos auf der Straße. Irgendwo blubbert eine

Bong. Ich tauche tiefer. Dann stehe ich am Gartenzaun im Dr. Ritterweg 5. Und da liegt sie, Petra Hoffmann, in ihrem weißen Bikini, auf dem Holzliegestuhl. Mein Blick klebt auf ihren langen Beinen.

3

Von Woche eins an fliegt auch Mische regelmäßig in meiner Bude ein. Mische, der heißt eigentlich Lasse, die anderen nennen den alle Lasso, aber bei Nick und mir läuft der wegen seiner dicken Mischen nur unter Mische. Mische ist ein halber Finne, zwei Jahre älter als ich und auch auf dem Henke-Gymnasium, und wenn Mische letztes Jahr nicht sitzengeblieben wäre, dann wäre er jetzt schon fertig.

Das Prinzip von Aktion und Reaktion besagt, dass jede Aktion eine gleich große Reaktion erzeugt, die auf den Verursacher der Aktion zurückwirkt. Mische ist groß, noch größer als mein Vater, vielleicht einen Meter fünfundneunzig oder so. Und weil ihm das noch nicht genug ist, rennt Mische seit Jahren in die Muckibude und gibt es sich da so richtig dreckig. Keine Ahnung, ob der Mund da mittrainiert wird, auf jeden Fall sieht das bei Mische so aus, der hat nämlich ein 1-A Alligatorenmaul. Einmal hat er sich eine Packung Marlboro quer reingeschoben, den Mund zugemacht und kurz danach die Schachtel ohne den kleinsten Knick wieder rausgeholt.

Deine Bude ist mein Boxenstopp auf dem Weg in die Pampa, hat Mische gleich beim ersten Mal hier gesagt. Misches Vater hat nämlich vor zwei Jahren ein Haus in einem Kaff mit dem Namen Michelsbach gebaut, und auf dem Weg von der Muckibude nach Michelsbach liegt meine Bude. Und wenn ich von meiner Matratze aus höre, wie Mische mit seiner dröhnenden Hip-Hop Mucke auf dem Parkplatz unten einrollt, dann schießt meine Stimmungsnadel in den vierstelligen Bereich. Kurz darauf steht er vor meiner Tür. Alligatorengrinsen, hautenges Muskel-Shirt, strohblonde schulterlange Haare und eine gewaltige Ladung Energie zwischen den Fasern: Das sind die Stoffeigenschaften von Mische.

Habt ihr schon mal eure Brainpower testen lassen?, fragt Mische. Ich meine, IQ-Test und so?

Nee Alter, sagt Nick, wozu denn das?

Mische zuckt mit den Schultern. Ich musste halt mal einen machen, sagt er und grinst. Auf jeden Fall ist dabei rausgekommen, sagt er dann und bewegt dabei seine Mundwinkel anschlagsmäßig Richtung Ohrläppchen, dass ich hundertsechzig PS unter der Haube habe.

Na und, Alter, sagt Nick.

Und mit so einer Maschine rasselst du durch, Mann, lache ich, das muss man erst mal schaffen.

Wenn Mische in meiner Bude einläuft, dann zieht er als erstes eine große rote Dose aus seinem Rucksack, 100 % Whey Power, steht da drauf. Dann schiebt er vier dicke Löffel gelbliches Pulver in ein Glas, dann füllt er das mit Wasser auf und zieht sich das Teil in einem Zug rein.

Eiweiß und Creatin, sagt er und deutet dabei auf seinen angespannten Bizeps, das ist das Material, aus dem die Muskeln sind. Mische zeigt sein bestes Alligatorengrinsen, und in diesem Moment stelle ich mir vor, dass

Mische einmal tief einatmet und meine gesamte Bude in seinem Riesenmaul verschwindet. Ich schaue auf seinen Bizeps, das Teil sieht aus wie eine schwangere Fleischwurst in einem drei Nummern zu kleinen Badeanzug, keine Ahnung, warum der so tierisch bei den Mädels landet.

Das ist der Finnen-Bonus, hat Nick einmal gesagt. Die denken alle, dass der einen Mordsknüppel zwischen den Beinen hat. Er macht eine kurze Pause. Dann hebt er seine rechte Hand und hält mir seinen ausgestreckten kleinen Finger entgegen.

Dabei hat Mische da gar nicht so viel zu bieten, Alter, Nick grinst und wackelt dabei mit dem kleinen Finger.

4

Natalie haben wir vor ein paar Monaten kennengelernt, über Nicks älteren Bruder, der war früher einmal mit ihr zusammen. Auf jeden Fall ist Natalie seit kurzem unsere Connection, und wir kaufen unser Piece jetzt bei ihr. Natalie ist ein paar Jahre älter als wir, einundzwanzig, hat ihre eigene Bude mitten in Erlangen, am Bohlenplatz, und studiert seit einem Jahr auf Lehramt. Am Anfang sind wir immer nur kurz bei ihr gewesen, haben das Piece abgeholt und sind dann weitergezogen, aber dann haben wir uns ziemlich schnell mit ihr angefreundet. Und jetzt hängen wir immer öfters zu dritt bei ihr ab. Bei Natalie schwingt dann immer Elektromucke durch den Raum, keine Ahnung, was genau das ist, ich habe ja gerade erst meine Rockerhaut abgestoßen, von Techno und House und solchen Sachen habe ich genau null Ahnung. Aber der Beat, der bei Natalie aus den Boxen kommt, hat mir von Anfang an richtig gut gefallen.

Nick und ich hängen auf den Sesseln in Natalies Zimmer ab und rauchen, zwischen Nick und mir steht eine fette Pflanze, von der Decke hängen kleine Töpfe mit Pflanzen, das ist ein halber botanischer Garten hier, aber ich mag das, bei Natalie ist alles auf Entspannung gepolt. Nick blättert in einem der Bücher, die hier immer herumliegen, blubbernde, zwitschernde Elektroklänge flirren durch das Zimmer, das ist schon wieder richtig gute Musik, das ist Energie und gute Laune, das packt mich. Natalie steht tänzelnd vor dem Fenster, ihre Arme machen sanfte, wellenförmige Bewegungen, sie erzählt uns von diesem Laden in Nürnberg, dem Boot.

Das spielen die da die ganze Nacht, sagt Natalie und lacht. Das bringt dich in eine völlig neue Sphäre. Raven im Boot, auf einmal hat sie einen Gesichtsausdruck drauf, als ob sie auf dem High des Jahrhunderts unterwegs wäre, das fühlt sich an, sagt sie, als ob du dich als Individuum auflösen würdest. Da verschmilzt du mit den anderen zu einer Einheit.

Nick und ich schauen uns an, unsere Gehirnströme funken vollsynchron. Das Boot, Raven – das müssen wir so schnell wie möglich auschecken.

Die tanzen da von Samstagnacht bis Sonntagmittag, sagt Natalie.

Du warst bis Sonntagmittag in dem Laden?, fragt Nick, seine Stimme springt in den kurzwelligen Bereich.

Natalie zündet die Tüte an, die sie schon die ganze Zeit in der Hand hält. Ja klar, sagt sie, das ist Raving.

Die Schallwellen, die Natalie uns da entgegenfeuert, turnen mich monstermäßig an. Natalie nimmt einen tiefen Zug von der Tüte und hält den Rauch lange in der Lunge. Dann neigt sie den Kopf leicht nach hinten und entlässt den Rauch als dünnen Strahl Richtung Decke.

Nächsten Samstag legt Dr. Motte im Boot auf, sagt sie dann. Das wird eine ganz besondere Nacht. Sie macht eine kurze Pause. Kommt ihr mit?

Auf jeden, sagt Nick sofort.

Klar, schiebe ich hinterher. Mein Oberkörper ist jetzt am Wippen, im Zimmer riecht es nach Gras. Keine Ahnung, wer dieser Dr. Motte ist, einen coolen Namen hat der auf jeden Fall.

Soll ich euch dann was besorgen?, fragt Natalie.

Ich drehe mich zu Nick, unsere Blicke treffen sich, Nick und ich grinsen im Doppelpack los. Natalie spricht von Drogen, das ist klar, aber ich habe keine Ahnung, was genau sie meint.

Das wäre voll korrekt, sagt Nick.

Alles klar, sagt Natalie, ich probiere es. Dann schiebt sie sich mit ihren langsam gleitenden Bewegungen vor Nick und hält ihm die Tüte hin.

Machst du mir einen Shot?, fragt sie.

Nick übernimmt die Tüte und streicht die Asche der Glut sorgfältig am Aschenbecher ab. Er steht auf, legt sich das Teil verkehrt herum in den Mund und umschließt die Tüte mit seinen Lippen. Dann strömt der Rauch in Natalies Mund. Für einen kurzen Moment hält sie sich an Nicks Hüften fest, dann schwankt sie zum Sofa. Gras-Shots knallen brutal rein. Nick hat die Tüte immer noch zwischen den Lippen und wedelt mit beiden Händen in meine Richtung. Er hat noch Dampf. Ich springe auf und hole mir einen Shot ab. Dann klebe ich wieder im Sessel, mit geschlossenen Augen. Jedes einzelne Molekül in meinem Schädel dreht sich, mein Körper ist unendlich schwer.

Alter, ich bin auf dem vollen Fressfilm, sagt Nick, als wir das Treppenhaus bei Natalie herunterlaufen. Kurz darauf sitzen wir auf den Bierbänken im Hühnertod, mit Hähnchen und Pommes.

Geile Sache mit dem Boot, sage ich, da hab ich richtig Bock drauf.

Nick schiebt sich ein dickes Stück Fleisch in den Mund und nickt.

Von was hat Natalie denn vorhin gesprochen?, frage ich. Was will sie uns besorgen?

Keine Ahnung, sagt Nick, irgendwas Schnelles. Wird schon passen, Alter.

Das klingt, als ob Nick wüsste, worum es hier geht. Dabei hat er doch auch keine Ahnung. Nick und ich, wir kiffen, mit Piece und Gras, da kennen wir uns richtig gut aus, da kann uns keiner was. Aber von anderen Sachen haben wir keine Ahnung.

5

Am Abend hängen Nick und ich wieder in meiner Bude ab. Mit meinem Einzug hier vor vier Wochen haben wir uns schlagartig in dieser neuen Zellhaufen-Entspannungskonfiguration stabilisiert: Nick und ich, auf der Matratze in meiner Bude, der Sound von The Doors oder den Stones, dazu mächtige Mengen rauchförmiges Piece und Gras, die sich ihren Weg in Richtung unserer Lungen schlängeln. Wir sind ständig am Qualmen. Morgens, direkt nach dem Aufstehen, Nick pennt fast jeden Tag hier, mittags, nach der letzten Stunde, da checken wir sofort in meine Bude und legen los und natürlich abends, die Abende sind die täglichen Höhepunkte, da knallen wir uns mit 220 km/h gegen die Wand, da ziehen wir an der gläsernen Schönheit, bis auch das letzte Neuron in unserem Schädel auf Pause geschaltet ist. *Break on through to the other side. Break on through to the other side. Yeah, yeah, yeah …*

Aus den Augenwinkeln heraus sehe ich, wie Nicks kleiner Finger sich in ein Flagellum verwandelt und anfängt, peitschenmäßig hin und her zu schlagen. Nicks Unterlippe und Nicks kleiner Finger, das sind die beiden Pole seiner Stimmungsnadel. Und wenn Nicks kleiner Finger anfängt auszuschlagen, dann ist in seiner Schaltzentrale Nervosität ausgebrochen, so einfach ist das.

Alter, stöhnt Nick und schüttelt dabei den Kopf, ich weiß echt nicht, wie ich auf diese schwachsinnige Idee kommen konnte, Physik-Leistungskurs zu machen.

Nick schaut, als ob die gerade einen Piece-Notstand ausgerufen hätten, ich muss lachen, und nach einigen Sekunden fängt auch Nick an zu lachen. Wir beide wissen ja ganz genau, warum Nick, der in der Elften wegen Mathe und Chemie eine Ehrenrunde gedreht hat, jetzt im Physik-Leistungskurs auftaucht. Das war natürlich meine Idee. Ich stehe nämlich total auf dieses Zeug. Kräfte, die an punktförmigen Körpern ansetzen, elektromagnetische Wellen, die unsichtbar durch den Raum schwirren, Elektronen, die mit Lichtgeschwindigkeit durch metallische Drähte rasen, mein Neuronenhaufen da oben spricht maximal auf diesen ganzen Kram an. Und wenn der Schneider vor uns steht und diese Sachen zum Besten gibt, dann verwandle ich mich in eine Empfangsstation, die nicht genug bekommen kann.

Aber natürlich hatte ich keinen Bock, alleine da abzuhängen, mit den dick bebrillten Typen, mit dem Thorsten und dem Dirk und den Zwillingen und und und, mit denen kann ich gar nichts anfangen, die vibrieren auf einer ganz anderen Wellenlänge durch ihr Leben, die vibrieren auf der Ameisenlangwellenfrequenz, und damit will ich genau null Komma null zu tun haben. Und deshalb habe ich Nick zum Physik-Leistungskurs überredet. Mathe, meinen zweiten Leistungskurs, den habe ich ihm nicht angetan, das wäre zu viel, das checke ich schon, aber Physik, das kann er mitmachen, habe ich mir gedacht.

Ich pack das nicht, sagt Nick und schüttelt noch einmal den Kopf. Alter, jetzt sind gerade einmal zwei Wochen rum, der Schneider hat noch nicht einmal richtig angefangen, und ich verstehe nur noch Bahnhof. Hast du mal gesehen, wie Dirk mich anguckt? Und Miriam? Die kapieren alle nicht, was ich da mache. Und ich kapiere das auch nicht. Da könnte ich mich genauso gut in den Fortgeschrittenenkurs Chinesisch setzen.

Kühl mal runter, Mann, sage ich, so schwierig ist das auch nicht.

Nicks Gesicht verzieht sich. Für dich, Alter, sagt er, aber du bist auch ein Perverser. Du bist da irgendwie falsch vertaktet. Du hörst das einmal und kapierst das. Aber so geht das bei mir nicht.

Das hat mit deiner Einstellung zu tun, Mann, sage ich. Du gehst da rein und denkst, das kapiere ich nicht, das ist alles krass kompliziert, da braucht man eine fünf Zentimeter dicke Hornbrille, um das zu peilen.

Nick schüttelt den Kopf. Nee, das ist es nicht. Plötzlich hat Nick diesen verzweifelten Gesichtsausdruck drauf. Alter, wenn ich das dieses Jahr nicht packe, sagt er, dann war es das mit dem Abi. Mehr als einmal in der Oberstufe wiederholen, das geht nicht. Das ist meine letzte Chance. Ansonsten kann ich Treppenhäuser putzen.

Mann Nick, sage ich und lege meinen Arm über seine Schulter, jetzt entspann dich doch mal. Das Jahr hat doch gerade erst angefangen.

Auf einmal klickt es bei mir.

Wir ziehen uns das ab jetzt zusammen rein, Mann, sage ich. Wir setzen uns hier hin, ich deute mit dem Finger auf die Matratze, und ziehen uns das Zeug rein, bis du das drauf hast.

Nicks Gesicht hellt sich auf.

Den Brillenschlangen und dem Schneider, sage ich, denen zeigen wir es, Mann. Die werden sich noch umschauen. Die werden dich noch kennenlernen. Bald nennen die dich Nick Einstein, Mann.

Nick lacht und sieht wieder entspannt aus. Dann hebt er die Hand zum High-Five, und wir schlagen ein.

Denen zeigen wir es, Alter, sagt er.

Und am Samstag geht es ins Boot, sage ich, und in dem Moment vibrieren wir wieder vollsynchron.

6

Der Moderator lächelt, seine weißen Zähne blitzen in die Kamera. Heute stelle ich Sie vor eine besondere Wahl, sagt er. Ein Tusch ertönt, die Kamera schwenkt langsam nach rechts zur Bühne, die durch einen silbrig-glitzernden, in der Mitte zweigeteilten Vorhang verdeckt ist. Alternative Nummer eins, sagt der Moderator, und deutet auf die linke Hälfte des Vorhangs. Der Tusch nimmt an Intensität zu, man spürt die Spannung im Publikum, alle stieren gebannt auf den Vorhang, der Tusch wird schneller und lauter, plötzlich wird die linke Hälfte des Vorhangs zur Seite gezogen. Wir sehen eine langgezogene Bar mit dunkler Holztheke und metallenen Barhockern. Zentral an dieser Bar steht eine vielleicht achtzehnjährige, schlanke Blondine, mit einem weißen Minirock und blauen Matrosentop, das eng an ihrem Oberkörper sitzt. Die Blondine dreht sich zum Publikum und macht einige räkelnd-tänzelnde Bewegungen, das Publikum trommelt mit den Füßen auf den Boden und pfeift. Der Moderator zeigt noch einmal seine weißen Zähne, dann hebt er beschwichtigend die Hand. Oder, sagt er, als wieder Ruhe im Saal eingekehrt ist, Alternative Nummer zwei. Wieder setzt ein Tusch ein, wieder stieren alle gebannt auf die Bühne. Dann wird auch die rechte Hälfte des Vorhangs zurückgezogen. Jetzt erkennen wir, dass sich die Bar über die gesamte Bühne erstreckt. Rechts sitzt eine schwarzhaarige Mittvierzigerin, die in einem schwarz-durchsichtigen Catsuit mit übergeschlagenen Beinen und einer Zigarette im Mund zum Publikum blickt.

Ich weiß, was meine Kumpels wählen würden. Jungs wie Nick und Mische, die würden sich sofort für die Blondine entscheiden. Da bräuchten die keine drei Sekunden für. Ich bin da komplett anders verschaltet. Definieren wir die Funktion F, die jedem ganzzahligen Alter einer Frau A ein Energieniveau E des Sexuallappens zuordnet. Was ich sagen will, ist, dass die erste Ableitung dieser Funktion bei mir strikt positiv ist. Je älter, desto besser. Keine Nullstellen oder Wendepunkte in Sicht, weit und breit.

7

Jeder Stoff ist eindeutig durch seine Stoffeigenschaften charakterisiert. Schmelzpunkt: 0,95 Kelvin, Siedepunkt: 4,15 Kelvin, Wärmeleitfähigkeit: 0,1513 Watt pro Meter und Kelvin. Das ist das Edelgas Helium. Schrille und enge Oberteile, Gold- und Perlenketten und eine mächtige Parfumwolke: Das ist Gabi Gerster, die beste Freundin meiner Mutter. Und wenn Gabi Gerster im Dr. Ritterweg 8 einläuft, dann startet in meinen Phantasielappen eine stark exotherme Reaktion. Und wenn ich an den Mann von Gabi Gerster denke, dann bekomme ich einen spontanen Brechreiz. Der verbringt sein Leben nämlich damit, Gartenmöbel in Italien zu kaufen und dann in Deutschland wieder zu verkaufen. Der Gerster, der ist sein eigener Chef, der ist unabhängig, der hat sein eigenes Unternehmen, der kurbelt die Wirtschaft an, das beeindruckt meinen Vater und die anderen Siemensameisen im Dr. Ritterweg. Und als ich noch nicht selber denken konnte, da haben meine Beurteilungsareale diese Schwingungen übernommen. Irgendwann habe ich dann gerafft, dass der Job vom Gerster genauso sinnlos ist wie der von meinem Vater und den dreihundertfünfzigtausend anderen Siemensameisen. Was machst du mit deinem Leben? Wie verbringst du die paar Jahre, die du hier hast? Du kaufst und verkaufst Gartenmöbel? Das ist ja maximal interessant, das bringt ja meinen ganzen Körper zum Vibrieren, da haut es mir ja fast die Kinnlade weg vor Aufregung. Kein Wunder, dass der Gerster sich jeden Abend eine Flasche Rotwein reinzieht.

Mein Vater geht morgens um sieben aus dem Haus. Meine Mutter steht vor ihm auf, sie macht den Tee, damit der nicht zu heiß ist, wenn mein Vater an den Frühstückstisch kommt. Sie deckt den Tisch, sie holt die Erlanger Nachrichten aus dem Briefkasten und legt sie neben den Teller meines Vaters. Dann schmiert sie ihm zwei Vollkornbrote für die Mittagspause und legt ihm einen heiß abgewaschenen Apfel dazu. Zweimal pro Woche staubsaugen, einmal pro Woche nass wischen. Jeden zweiten Tag die Toilette und die Waschbecken putzen. Wäsche waschen und bügeln, alles ordentlich falten und dann einsortieren. Meinem Vater das Hemd und die Hose rauslegen. Das sind die Pendelbewegungen im Leben meiner Mutter. Das ist das Leben einer Ameisenhausfrau aus Faitach.

Morgens, nach dem Frühstück, wenn mein Vater brav zu seinem Ameisenschreibtisch marschiert ist und ich in der ersten Stunde sitze, dann räumt meine Mutter den Frühstückstisch ab, dann klemmt sie sich an den Telefonhörer, dann tauscht sie die immergleichen, maximal inhaltsleeren Schallwellen mit ihrer Schwester aus. Wie ging noch einmal die Kürbissuppe? Hast du schon einmal Azaleen gepflanzt? Nachmittags trifft sie sich mit Gabi Gerster zum Kaffee. Montags und mittwochs fahren die beiden zusammen nach Erlangen. Gassi gehen, nennen die das. Wenn man den Aufmotzgrad der Gerster als Argument in meine Erregungsfunktion füttert, dann bekommt man eine monoton ansteigende Funktion. Und wenn Gabi Gerster mit ihrem Audi 100 zum Gassi gehen im Dr. Ritterweg 8 vorfährt, dann ist sie im 1-A Aufmotzmodus. Ihre Oberteile sind dann noch schriller und enger als sonst, ihr Hals und ihre Arme sind noch üppiger bestückt, und ihre Parfumwolke ist größer und dichter. Wenn Gabi Gerster zum Gassi gehen hier vorfährt, dann knallt es die Nadel meines Erregungsbarometers auf Maximalausschlag.

Früher, als ich noch bei meinen Eltern gewohnt habe, da haben die beiden mich öfters mitgenommen zu ihren Ausflügen in die Stadt. Durch die Karosse der Gerster schwingen dann die Klänge von Schmalz und Co. *The whispers in the morning of lovers sleeping tight. Are rolling by like thunder now as I look in your eyes.* Die Gerster blickt in den Rückspiegel und prüft ihre Frisur, dann zündet sie sich eine ihrer weißen Davidoff Slim Zigaretten an. Wenn sie auf die Landstraße kommt, dann gibt sie richtig Druck. Das kann dann schon mal hundertachtzig werden. *I hold on to your body and feel each move you make. Your voice is warm and tender. A love that I could not forsake.* Ich schließe meine Augen und stelle mir vor wie es wäre. Gabi Gerster und ich.

Geparkt wird hinter dem Bahnhof, und dann gehen die beiden erst einmal Kaffee trinken. Danach zum Shoppen auf die Nürnberger Straße, das ist die Haupteinkaufsstraße in Erlangen, hier findet man auf fünfhundert Metern alles, was das Hausfrauenherz begehrt.

Schau mal hier, das Oberteil von letztem Mal. Soll ich das noch mal anprobieren? Wirklich? Also gut. Ach nein, das gefällt mir ja überhaupt nicht mehr. Ach wie süß, das hier muss ich unbedingt mitnehmen. Ich suche schon

Ewigkeiten nach so einer Strickjacke. Was kostet die denn? Zieht die Hose hinten rein? Wirklich nicht? Hast du die Jacke gesehen, so etwas Geschmackloses.

Immer wieder flirren die gleichen Bilder durch meine Phantasielappen. Die gold- und perlenbesetze Gabi Gerster und ich sind alleine im Dr. Ritterweg 8. Ich sage ihr, dass ich ihr etwas zeigen will, in meinem Zimmer, unten, im Keller. Im Flur vor meinem Zimmer knipse ich das Licht aus, so kann ich sehen, wenn meine Mutter zurückkommt. Dann sitzt Gabi Gerster auf meinem Schreibtisch. Ihr pinkfarbenes Oberteil und ihr Jackett liegen auf dem Teppich. Ihre Brüste sind solariumbraun und groß. Gabi Gerster streckt ihre Hände aus, umfasst meinen Kopf und schiebt ihn zwischen ihre Brüste.

8

Am Samstag laufen wir gegen neun Uhr abends bei Natalie ein. Kurz darauf sind wir in unserer Gleichgewichtskonfiguration: Nick und ich hängen vollentspannt in den Sesseln, Natalie liegt flach ausgestreckt auf dem Sofa, ein dünner Rauchfaden strömt aus ihrem Mund Richtung Decke. Natalie hält mir die Tüte hin, ich will sie fragen, was denn nun ist, ob es geklappt hat, aber dann lass ich das, das ist unlocker.

Irgendwann fängt Natalies Körper an, zwischen Schlafzimmer und Wohnzimmer zu schwingen. Sie gleitet in ihr Schlafzimmer, einige Minuten später kommt sie zurück, mit einer anderen Klamotte am Körper, sie begutachtet sich von allen Seiten im großen Spiegel, wirft uns einen Blick zu, dann gleitet sie zurück in ihr Schlafzimmer. Bei jedem Schwingungsvorgang verwandelt sich die Höhenenergie des Pendels in kinetische Energie, um sich dann doch wieder in Höhenenergie zurückzuverwandeln. Höhenenergie, kinetische Energie, Höhenenergie, genau so ist das mit unserem Leben: Wir kommen aus dem unendlichen Nichts, tauchen für ein paar Jahre hier auf, um dann doch wieder in das unendliche Nichts zu verschwinden.

Nick raucht und blättert in dem Buch, das hier schon letztes Mal herumlag, *Flow – Das Geheimnis des Glücks*, der Typ auf dem Buchdeckel hat was von Scientology, Mann. Flow, ich will Natalie fragen, was das sein soll, die steht gerade in einem roten Faltenrock vor dem Spiegel, dann fällt mein Blick auf die Uhr, es ist kurz vor Mitternacht, und das klickt mich in einen anderen Modus.

Sag mal, frage ich, hat das denn eigentlich geklappt?

Nick hört schlagartig auf, in dem Buch zu blättern, und dreht sich zu Natalie.

Das hatte ich ganz vergessen, sagt Natalie. Sie macht zwei Schritte zum Sofa, öffnet ihre Handtasche und zieht ein kleines, durchsichtiges Plastiktütchen hervor, das sie uns hinhält. In dem Tütchen sind einige rosafarbene Tabletten zu sehen, und in diesem Moment spüre ich, wie die Aufregungssignale durch meine Schaltungen schießen.

Korrekte Sache, sagt Nick und lacht und hat dabei einen Gesichtsausdruck drauf, als ob er genau wüsste, was Natalie da in der Hand hält.

Natalie fingert zwei von den Dingern aus dem Tütchen und drückt sie Nick und mir in die Hand. Geschrumpfte, rosafarbene Paracetamol, auf der einen Seite haben die ein Herz eingepresst, verdammt cool sehen die aus.

Das sind Love, sagt Natalie. Und genau so fühlt man sich auf denen, sie lächelt.

Nehmen wir die jetzt gleich?, frage ich.

Natalie sieht mich erstaunt an, dann schüttelt sie den Kopf.

Ecstasy nimmst du nur beim Raven, sagt sie und greift nach der Schachtel Zigaretten, die auf dem Tisch vor dem Sofa liegt. Ist das etwa eure erste Pille?

Pille, irgendwo habe ich das schon einmal gehört, und so wie Natalie das sagt, klingt das maximal lässig. Ich nicke und fühle mich wie der Vollhorst. Immerhin weiß ich jetzt, was da in meiner Hand liegt.

Die nehmen wir, wenn wir im Boot sind, sagt Natalie.

Und das geht ab, oder was?, fragt Nick.

Natalie lacht, dann zündet sie sich eine Zigarette an und nimmt einige Züge.

Stellt euch vor, sagt sie, dass ihr nur noch Gefühl seid. Gefühl und Musik. Und dann verschmelzt ihr mit allen anderen. So ungefähr fühlt sich das an.

Sie schaut uns an und zieht noch einmal an ihrer Zigarette. Nur viel besser, sagt sie dann.

Auf meinem Gesicht breitet sich ein monstermäßiges Grinsen aus, ich drehe mich zu Nick, der stiert auf das Teil in seiner Hand, als ob er das alles durch Anstieren auslösen könnte.

Ihr könnt auch erst einmal eine Halbe nehmen, sagt Natalie. Warum denn das, fragt Nick. Auch ich schüttle sofort den Kopf.

Schon gut, sagt Natalie. Auf jeden Fall müsst ihr die wegpacken. Bis wir in Nürnberg sind, ist das egal, da könnt ihr die in der Tasche behalten. Aber vor dem Parkplatz muss die da raus.

Dem Parkplatz?, frage ich.

Der Parkplatz vom Boot, sagt sie. Wenn ihr da aussteigt, dürft ihr nichts in der Tasche haben.

Ich nicke und fühle mich schon wieder so krass gut.

Aber ihr habt ja nur eine Pille, sagt sie dann. Die könnt ihr in ein Stück Taschentuch wickeln und in den Mund stecken. Im Notfall schluckt ihr die.

Wir sitzen im weißen Golf von Natalie, Nick auf dem Beifahrersitz, ich hinten. Als wir auf die Autobahn Richtung

Nürnberg auffahren, regelt Natalie die Musik nach oben. Nick zündet die Tüte an, die er vor der Abfahrt gedreht hat. Es ist dunkel draußen, und die warme Luft, die durch das offene Fenster hereinströmt, verbindet sich mit den elektronischen Klängen zu einem wohligen Stoffgemisch. Natalie wippt zur Musik, Nick hat seinen Kopf entspannt gegen die Kopfstütze gelehnt, seine linke Hand macht wellenförmige Bewegungen. Es ist Samstagnacht, mein Vater liegt unter seiner Premium De Luxe Sommerdecke und träumt von seiner Beförderung zum Ameisengruppenleiter, ganz Faitach liegt im Bett und träumt, aber ich, ich bin dabei, aus einem siebzehnjährigen Dämmerzustand zu erwachen, ich bin dabei, meine Ameisenhaut aufzubrechen und abzustoßen, ich bin dabei, mein Leben zu beginnen. Auf meinem Radar taucht ein riesiges Hochdruckgebiet auf.

Habt ihr die Pillen weggepackt? Natalie dreht sich zu Nick, dann blickt sie in den Rückspiegel, zu mir. Wir sind gleich da, sagt sie.

Der Adrenalinspiegel in meinen Blutbahnen nimmt schlagartig zu. Rasch fingere ich die eingewickelte Pille aus der Hosentasche und lege mir das Ding zwischen Backe und Zähne. Im Fall der Fälle werde ich das Teil mit einem Zungenschlag durch meine Speiseröhre jagen.

Natalie biegt rechts ab, auf einen schmalen, schwach beleuchteten Weg. Dieser Weg bringt uns in eine andere Welt. Eben noch waren wir auf einer Landstraße im besten Ameisenland, kurz darauf sind wir auf dem Parkplatz vom Boot. Natalie parkt, wir steigen aus, und sofort kommen uns meterhohe Energie- und Gute Laune-Wellen entgegen. Überall stehen kleine Grüppchen an den Autos, alles zuckt und tänzelt und lacht, von überall schwingt uns Elektroschall entgegen, pumpend, blubbernd, zwitschernd. Das ist kein Parkplatz, Mann, das ist eine brodelnde Raketenabschussrampe. Ich schaue zu Nick, der schiebt sich gerade eine Zigarette in den Mund, dem geht es genauso wie mir, der findet das hier genauso abgefahren wie ich.

Wartet erst einmal ab, was hier morgen früh los ist, sagt Natalie und lacht. Natalie checkt genau, wie uns das hier anturnt. Wir laufen quer über den Parkplatz, Natalie kennt hier anscheinend niemanden. Ich kann meine Augen nicht von den Leuten nehmen, alles ist so bunt und fröhlich hier, alles vibriert, meinetwegen können wir auch einfach hier bleiben. Wir kommen an die Seite des Parkplatzes, die der Einfahrt gegenüberliegt, vor uns liegt eine lange, steil nach unten führende Steintreppe, rechts und links davon stehen hohe Bäume.

Hier geht es runter zum Kanal, sagt Natalie. Und da, sie deutet mit ihrer Hand nach rechts, da ist das Boot.

Wir laufen die Stufen nach unten, die Klänge und die Stimmen vom Parkplatz werden leiser, dann ist es für einen Moment vollkommen still. Als wir unten ankommen, schwappt uns ein dumpfer Bass entgegen.

Wir stehen auf einem breiten Streifen Wiese, der sich am Kanal entlangzieht. Natalie deutet noch einmal nach rechts. Vielleicht fünfzig Meter von uns entfernt erkennt man die Umrisse eines Bootes, das ist ja ein richtiges Boot, Mann, jetzt schnalle ich das erst, oben, auf dem Deck, ist buntes Licht, da stehen Leute.

Ist das ein geiles Setting, Alter, sagt Nick, und obwohl hier kaum Licht ist, weiß ich ganz genau, was sich gerade auf Nicks Unterlippe abspielt.

Dr. Motte zieht, sagt Natalie, als wir uns in die Schlange einreihen. Ich bin total auf die Typen vor uns fixiert. Da trägt einer eine silbrig-glitzernde Hippieweste und eine rote Cordhose, um sein rechtes Handgelenk hat er ein Tuch gebunden. Da steht ein Dreiergrüppchen mit grünen Zipfelmützen und Sonnenbrillen. Da ist ein Mädchen mit rotem Käppchen und Heidi-Zöpfen, um ihren Hals baumeln drei Schnuller. Alle hier strahlen diese tierische Energie aus, alle wippen zu den Klängen, die aus dem Boot zu hören sind. Ich schaue auf meine Jeans.

Habt ihr eine Einladung?

Die beiden Typen vor uns schütteln den Kopf.

Ohne Einladung geht heute leider nichts, sagt der Türsteher und bewegt den einen von den beiden mit der Hand leicht zur Seite.

Der Türsteher sieht zu Nick und mir, der merkt doch sofort, dass wir die Obergrünschnäbel sind, dann schwenkt er zu Natalie.

Ihr seid zu dritt?, fragt er. Natalie nickt.

Dann viel Spaß, sagt er.

Wir laufen über einen kurzen, rostig-metallenen Steg, der das Boot mit dem Kanal verbindet, dann schieben wir uns durch einen braunen Vorhang in den Innenraum vom Boot. An der Kasse gleich hinter dem Vorhang sitzt ein Mädchen und lächelt uns zu. Ihre Augenbrauen leuchten grünlich, ihr Kopf macht wippende Bewegungen, als ob ihr Hals aus Gummi wäre. Jeder von uns legt ihr fünf Mark hin, sie drückt uns einen Stempel auf die Hand.

Natalie zeigt auf einen schmalen Gang, der vom Eingangsbereich links abgeht. Da ist die Lounge und der Durchgang zum Deck, sagt sie. Morgens ist da so richtig was los. Dann nickt sie zur steil abfallenden Eisentreppe neben uns.

Aber jetzt ist die Party da unten, sagt sie.

In diesem Moment kommen zwei Typen die Eisentreppe hochgezuckt, die hacken mit ihren Armen den Beat in die Luft, die reden und lachen, die sind so krass gut drauf, jetzt checke ich, was für eine mächtige Energie hier durch den Raum schwirrt. Dann geht es die Treppe nach unten. Mit jedem Schritt schwappen uns frische Klang- und Stimmungswellen entgegen, immer größer werden diese Wellen, unten angekommen spüre ich die ganze Wucht des Sounds. Natalies Körper ist sofort im Beat, zuckend zieht sie eine Zigarette aus ihrer Schachtel, dann hält sie uns die Schachtel hin. Kurz darauf tänzelt sie an der länglichen Bar vorbei und taucht mit runden Bewegungen in den Nebel auf der Tanzfläche ab. Ich blicke ihr hinterher, die Tanzfläche ist prall gefüllt mit pulsierenden Körpern, Stroboskopblitze zerteilen die Bewegungen in ein Daumenkino in Zeitlupe. Alles ist bunt und ausgelassen hier, vor Energie strotzend.

Ich stehe am Rand der Tanzfläche und wippe zum pumpenden Sound, das sind warme und fröhliche Klänge, das sind hochfrequente Energiewellen, die direkt in meinen Körper eindringen. Ich zünde mir eine Zigarette an, und auf einmal springt das alles als Argument in meine Lebendigkeitsfunktion und knallt das Teil schlagartig auf ein globales Maximum. Ich drehe mich zu Nick, der grinst breit, ich schließe die Augen und hebe ab.

Alter, Toilette?, fragt Nick. In meinen Verständnisarealen herrscht kurzfristig Stromausfall, dann klickt es.

1-A Mann, sage ich. Ich schiebe meine Hand in die Hosentasche und taste nach der Pille. Dann laufen wir los. Zurück, an der länglichen Bar vorbei, die Eisentreppe nach oben. An der Kasse sitzt immer noch das Mädchen von vorhin, neben ihr steht jetzt ein bulliger Typ mit Adidas-Trainingshose und raucht. Schräg neben der Kasse ist die Toilette. Am Waschbecken stehen zwei Typen, der eine hat den Arm um den anderen gelegt und redet leise auf ihn ein, beide rauchen. Als wir einlaufen, hebt der seinen Kopf und fixiert uns für einige Sekunden, dann lächelt er. Am Pinkelbecken steht einer mit nacktem Oberkörper und silberner Kette um den Hals. Nick schiebt sich als erster in die Kabine, danach ich. Ich fummele die eingewickelte Pille aus der Hosentasche und lege sie in meine Handfläche. Dann schicke ich das Teil auf ein Fallexperiment Richtung Magen. Im Vakuum fallen eine Feder und ein Stück Blei oder jeder andere Körper gleich schnell zu Boden: Eine Sekunde nach dem Loslassen haben alle Körper eine Geschwindigkeit von 9,81 Meter pro Sekunde, nach fünf Sekunden fallen alle Körper mit 49,05 Meter pro Sekunde. Aber wie groß ist der Reibungsverlust einer Pille in der Speiseröhre?

Als wir nach unten laufen, sehe ich links neben der Treppe in einer dunklen Ecke einen Flipper stehen.

Schau mal, Mann, sage ich und deute auf den Flipper.

Geil, Alter, sagt Nick, lass zocken.

Es ist ein Star Trek-Flipper, der gleiche, der im Papa Joes in Erlangen herumsteht. Star Trek, Terminator, Indiana Jones, eigentlich ist mir das egal, ich finde die alle gut, ich stehe auf diese Teile: Die Kugel zum Halten zu bringen, sie dann genau dorthin zu hauen, wo man sie haben will, das Knallen, die Geschwindigkeit, all das turnt meine Stimmungsmoleküle gewaltig an. Wir drücken einen Fünfer in den Schlitz und zocken. Ich wippe zum Sound. Immer wieder schaue ich an der Bar entlang zur Tanzfläche.

Nick steht vollkonzentriert am Flipper. Mein Blick folgt der Kugel, die linke Rampe rauf, frontal aufs Droptarget, dann springt sie unentschlossen zwischen In- und Outlane herum, um nach einem Ruck von Nick nach innen zu laufen. Galileo und Newton sitzen auf ihren Wolken und berechnen die Bahnen der Kugeln und wetten, wer die bessere Vorhersage macht. Plötzlich bewegt sich mein Körper anders als vorher, unbewusster, geschmeidiger, kraftvoller. Nicks Kugel läuft ins Aus. Ich bin dran, meine Kugel ist sofort wieder weg, aber das ist mir egal. Meine Bewegungen werden immer heftiger, meine Stromquellen sind auf Starkstrom gestellt, zehn Millionen Körperzellen vibrieren zum Beat. Ich frage mich, ob Nick das Gleiche spürt, aber in diesem Moment durchflutet mich ein riesiges Glücksfeuerwerk. Ich schaue zur Tanzfläche, da ist richtig was los, ich kann mich nicht mehr halten, ich muss da jetzt hin.

Ich lege meine Hand auf Nicks Arm, das führt zur spontanen Impulsübertragung.

Alter, was soll das, sagt Nick, ohne vom Flipper aufzuschauen.

Das Feuerwerk in meinem Schädel hört nicht auf, meine Kiefer pressen aufeinander.

Ich gehe tanzen, sage ich.

Nick dreht sich ruckartig zu mir und starrt mich an, seine Kugel läuft durch die Mitte ins Aus.

Wir haben noch zwei Spiele, Alter –

Ich gehe da jetzt rüber, unterbreche ich ihn. Meine

Bewegungen werden immer heftiger, der Beat hat jetzt auch die letzte meiner Zellen erreicht, ich bin komplett durchelektrisiert. Ich marschiere los. Zehntausend Glückshormone rauschen durch meine Blutbahnen, alles an mir zuckt, ich bin dabei, die Gravitationskraft zu überwinden. Am Rand der Tanzfläche komme ich zum Stehen. Es ist jetzt voller als vorhin, an der Bar sitzt fast niemand mehr, alle stehen und wippen, und auch ich bin voll auf Vibration eingestellt. Ich habe ein unbändiges Bedürfnis zu rauchen, meine Lunge schreit wie wild nach Nahrung, rasch fummele ich eine Zigarette aus der Schachtel. Die Schallwellen befeuern mich maschinengewehrmäßig, jeder einzelne Ton durchquert meinen ganzen Körper, um dann in meinem Schädel eine Glücksexplosion auszulösen. Meine Finger zittern, alles an mir zittert vor Freude und Energie, von irgendwoher kommt Feuer und ein Lächeln, ich will das Mädchen umarmen, ich will jeden hier umarmen. Ich pumpe den Rauch anschlagsmäßig Richtung Lunge. Die Tanzfläche quillt über vor guter Laune. Ein Typ mit einem rot-weiß gestreiften Achselshirt schiebt sich an mir vorbei ins Stroboskopgewitter, seine angewinkelten Arme hacken nach vorne und zurück – vor und zurück – vor und zurück – vor und zurück, die Zeigefinger hält er dabei nach oben ausgestreckt, sein lockiger Zopf schlägt durch die Luft, der Typ ist 1-A im Beat, der Typ ist der Beat. Dann bin ich auf der Tanzfläche. Das ist das erste Mal, dass ich zu dieser Musik tanze. Das ist mein erstes Mal raven. Der Sound gibt richtig Druck, ich bin monstermäßig aufgeputscht, die Bindungskräfte in meinem Körper werden immer schwächer, ich stehe kurz vorm Auseinanderfliegen, zentrifugal, tangential, pillateral, gleich zerberste ich in meine Einzelteile vor Freude und Energie.

Alles um mich herum verschwindet, was bleibt sind die Elektrowellen und meine Bewegungen. Ich bin eins mit der Musik. Ich bin die Musik.

Ich tanze neben einem Mädchen in einem silbernen Bikini. Ihre Bewegungen sind leicht und zurückhaltend, als ob sie sie nur andeuten möchte. Als sich unser Lachen auf der Tanzfläche trifft, explodiert die nächste Glücksbombe in mir. Ich will sie umarmen, ich will die Arme in die Luft reißen, ich will allen zurufen, wie transzendental das hier ist, die Raver, der Sound, das Boot und und und – jedes einzelne Molekül, das hier herumschwirrt, bringt mein Glücksbarometer zum Anschlag. Ich bin eine Funktion auf ihrem globalen Maximum, ich bin ein Neuron im Dauerfeuerzustand, ich bin ein Körper, der mit Vollbeschleunigung durch das Vakuum rauscht. Ich bin ein Glücksreaktor kurz vor der Kernschmelze. Ich setze das Gravitationsgesetz außer Kraft. Ich setze alle Gesetze außer Kraft. Galileo, Newton, Einstein – ihr könnt mich mal, von euch lasse ich mir gar nichts sagen, wegen euch verändere ich doch nicht mein Leben. Ameisen wie mein Vater, die halten sich an die Naturgesetze. Vor mir tauchen zwei Typen mit weiß geschminkten Gesichtern und nackten Oberkörpern auf, ihre Bewegungen sind kantig, roboterartig, aufgeladen. Irgendwo fliegt ein Zauberhut durch die Luft. Der Sound wird immer blubbernder. Nebel wird von der Seite auf die Tanzfläche gepumpt. Ich schließe die Augen und lasse mich treiben.

Wir sind ein Naturvolk während eines spirituellen Rituals, der DJ ist unser Zeremonienmeister. Immer wiederkehrende Tonfolgen führen zu immer wiederkehrenden Bewegungen. Nach und nach verdrängen diese Bewegungen alles andere. Nach und nach erfassen diese Bewegungen unser ganzes Wesen. Wir sind keine Individuen mehr, wir sind eine amorphe Masse, die sich zu einem sich endlos wiederholenden Beat im Raum bewegt. Dann bricht alles auf. Die Musik ist jetzt komplexer und facettenreicher. Nach und nach löst sich die Gleichförmigkeit auf. Nach und nach verwandeln sich unsere gleichförmigen Bewegungen in die unterschiedlichsten Bewegungszustände. Jeder Stoff ist durch spezifische Eigenschaften charakterisiert, jeder Raver vibriert auf seine Art zu den Klängen des DJs. Und trotzdem gehören wir alle zusammen. Und trotzdem sind wir alle eins. Ich will tanzen. Ich will immer weiter tanzen. Ich will nie wieder aufhören zu tanzen.

Irgendwann taucht Natalie neben mir auf, ihre Pupillen sind zwei riesige schwarze Löcher. Ich höre nicht auf zu schwingen und lache sie an. Natalie legt ihre Hand auf meine Schulter. Was soll denn das? Will die, dass ich einen Gang runterschalte, oder was? Das kann ich jetzt nicht, das ist jetzt keine Option, alles an mir ist im besten Anregungszustand, meine Motoren drehen auf Höchstleistung. Und schon kommt wieder eine dieser perfekten Elektrowellen auf uns zugeschwappt. *This is house music.* Die muss ich nehmen, ich werfe mich aufs Brett, ich schiebe meine Handflächen ins Wasser und fange an zu paddeln. *All we need is house music.* Immer wieder werfe ich einen kurzen Blick nach hinten, die Welle kommt näher, paddeln – Blick zurück – paddeln – Blick zurück – dann ist es soweit, ich springe auf, und kurz darauf lande ich auf einem energetischen Maximum. Ich schließe die Augen und hebe ab. *House music, house music, house music …*

Dann ist da dieser Druck auf meinem Arm. Trink das, sagt Natalie und hält mir ein großes Glas hin. Ich ziehe das Teil in einem Zug weg, das ist Wasser, das tut gut, ich könnte drei von den Teilen trinken. Natalie und ich stehen am Rand der Tanzfläche, schon wieder habe ich diesen unbändigen Drang zu rauchen, ich krame in meinen Taschen, ich ziehe eine Schachtel hervor, die ist leer, ich brauche Zigaretten. Langgezogene, elektrisierende Schallwellen vibrieren durch den Raum und bringen die Tanzfläche zum Brodeln. Natalie hält mir eine brennende Zigarette hin und lächelt.

Das ist der absolute Hammer hier, sage ich zu Natalie, meine Kieferknochen pressen sich zusammen.

Natalie nickt und lacht.

Du musst immer genügend trinken, sagt sie, darauf musst du achten.

Ich schaue Natalie an, ihre Worte vermischen sich mit den Klangwellen, die von allen Seiten auf uns einströmen, ich will sie umarmen, auf einmal fühle ich mich so krass mit ihr verbunden. Auf der gegenüberliegenden Seite der Tanzfläche sehe ich Nick, den habe ich ja ewig nicht gesehen, keine Ahnung, wo der die ganze Zeit war. Nick tanzt viel langsamer und gefühlvoller als die anderen, seine Beine bewegen sich kaum, Nicks Bewegungen kommen von seinen Händen, die sich in Hüfthöhe wellenförmig vor- und zurückschieben. Plötzlich zieht dieses stechende Gefühl über meine Zunge – Scheiße Mann, ich ziehe am Filter. Ich lasse das Teil auf den Boden fallen und trete darauf. Sofort will ich eine neue Zigarette. Ich muss mir unbedingt Zigaretten kaufen. Aber nicht jetzt. Jetzt muss ich tanzen. Ich drehe mich zu Natalie und deute zur Tanzfläche. Dann ziehe ich los.

Ich versinke in ein plüschiges Klangparadies. Meine Bewegungen fühlen sich jetzt anders an, ruhiger und weicher. Vorhin, da war ich eine explodierende Maschine, da war ich ein auf Hochtouren rotierender Motor, den es wie wild über die Tanzfläche trieb. Jetzt bin ich ein Gas, das schwerelos über die Tanzfläche gleitet, meine Arme bewegen sich wellenförmig über die Klangwolken. Und schon wieder fühle ich mich mit jedem Einzelnen hier verbunden. Wir sind eins. Wir tanzen zu den gleichen Klängen, wir tanzen die ganze Nacht, niemand von uns will aufhören zu tanzen, wir tanzen und tanzen und tanzen. Das ist Raving.

Irgendwann taucht Nick neben mir auf. Nick, das breite Grinsen in seinem Gesicht, die Flasche Bier, die er mir hinstreckt, es dauert einige Sekunden, bis diese Signale in meinen Wahrnehmungslappen einlaufen, aber dann schießt ein wohlig warmes Gefühl durch meine Leitungen. Und irgendwie klickt mich das komplett raus aus dem Tanzmodus. Ich will jetzt bei Nick sein. Der legt seine Hand auf meinen Oberarm.

Alter, sagt Nick und wippt dabei mit Kopf und Oberkörper zum Beat, was für eine Nacht.

So was habe ich noch nie erlebt, Mann, sage ich und nicke heftig.

So bist du auch abgegangen, sagt Nick und zündet sich eine Zigarette an.

Das war geiler als Sex, Alter, sagt er dann und macht

dabei einige schnelle Wellenbewegungen mit seiner rechten Hand. Sechs Stunden lang geilster Sex, sagt er.

Sechs Stunden, sage ich, wir sind doch noch keine sechs Stunden hier, Mann.

Nick sieht auf seine Uhr, sein Grinsen geht in den Maximalzustand über.

Es ist halb acht, Alter, sagt er.

Nick und ich sitzen an der Bar und rauchen. Unsere Schwingungen werden immer langwelliger, unser Energieniveau sinkt. Unsere Blicke kleben auf der Tanzfläche, da ist noch richtig was los. Es ist Sonntagmorgen, Max Planck beißt in sein Photonenbrötchen, meine Mutter schiebt sich die Zahnbürste in den Mund, ich sitze an der Bar im Boot und zünde mir eine Zigarette an, ich bin umgeben von einem regenbogenfarbenen elektronischen Klangteppich, ich habe die ganze Nacht auf Pille getanzt.

Irgendwann stößt Natalie zu uns. Für ein paar Minuten hängen wir zu dritt an der Bar ab.

Ich habe genug, sagt Natalie dann. Sie sieht müde aus.

Wir sitzen im Auto Richtung Erlangen. Weiche Elektrosounds flirren durch die Luft, ich bin auf Entspannung gepolt. Nick schiebt eine Tüte nach hinten, ich nehme drei Züge und halte das Ding Natalie hin. Meine Augenlider nehmen Kurs nach unten auf. Ich lasse mich fallen.

9

Hey Mann, sage ich. Nächsten Samstag wieder raven? Auf diese Frage reagiert Nick mit minimaler Reaktionszeit.

Auf jeden, schießt es aus ihm heraus.

Es ist der Montagmorgen nach dem Boot. Nick, Mische und ich stehen auf dem Raucherhof und pumpen uns unsere morgendliche Ration Nikotin durch die Lungen.

Nächstes Mal musst du unbedingt mit, Mische, sagt Nick. Das ist so was von geil, Alter.

Mische schüttelt sofort den Kopf.

Vergiss es, sagt er und zündet sich eine frische Zigarette an. Diesen Bum Bum-Scheiß zieh ich mir nicht rein. Das ist doch keine Musik.

Nick und ich zucken mit den Schultern. Der weiß gar nicht, was er verpasst, Mann. Dann schwenken meine Pupillen zu Matze Reiher und seinen Jungs, die ein paar Meter von uns entfernt abhängen. Lederjacke, zerrissene Stretchjeans und Löwenmähnen, die kommen gerade von der Tanke und haben sich da das erste Bier reingezogen. Das machen die immer so, ein, zwei schnelle Bier, vor der Ersten und in den Pausen, vor ein paar Tagen hätte mich das alles noch verdammt beeindruckt, Matze Reiher und seine Jungs sind ein Jahr über uns, in der Dreizehnten und die coolsten Rocker in der Stadt. Dachte ich zumindest. Das Reflexionsgesetz besagt, dass der Ausfallswinkel eines Lichtstrahls dem Einfallswinkel entspricht und beide mit dem Einfallslot in einer Ebene liegen, ich schaue auf Matze Reiher und seine Jungs, und plötzlich verschiebt sich der Ausfallswinkel meiner Wahrnehmung. Die kommen mir jetzt ganz anders vor als sonst, total lasch und runtergekommen, ohne Antrieb, als ob die kaum ihre Zigaretten halten könnten. Die Raver im Boot, die sind etwas ganz anderes, die sind energetisch aufgeladen bis zum Anschlag, die sind maximal fröhlich. Und während Matze Reiher und seine Jungs in ihren verschlissenen Klamotten auf irgendeinem Spielplatz abhängen und Whiskey saufen, da wird im Boot auf höchster Frequenzstufe vibriert.

Nick legt seine Hand auf meinen Rücken.

Wenn wir Samstag wieder losziehen, sagt er mit gedämpfter Stimme, dann brauchen wir Material. Er steckt sich die Zigarette in den Mundwinkel und lässt sie einige Male hin und her wackeln, bevor er zieht.

Material. Ich schaue Nick an und kapiere nicht, was der will. Aber eigentlich ist mir das auch egal. In meinem Schädel schwingt gerade das Wochenende wieder ein, die elektronischen Klänge, der pulsierende Beat, da ist die Tanzfläche und das Mädchen im silbernen Bikini, dann ist da Petra Hoffmann, die langbeinige und braungebrannte Petra Hoffmann, die habe ich ja schon seit Ewigkeiten nicht mehr gesehen, seit meinem Abflug aus Faitach habe ich die nicht mehr gesehen.

Alter, was geht denn mit dir?, fragt Nick. Auf welcher Wolke bist du denn unterwegs? Wieder senkt er seine Stimme. Wenn wir raven wollen, sagt er, dann müssen wir Material besorgen.

Material, jetzt raff ich das, Nick redet von Pillen. Natürlich brauchen wir wieder Pillen, das ist doch klar, Pillen sind der Treibstoff, der uns durch die Nacht bringt. In dem Moment klingelt es.

Alter, sagt Nick und nimmt zwei hastige Züge von seiner Zigarette, dann schnippt er das Teil auf den Boden. Der Schneider kriegt einen Raster, sagt er. Wir schnappen uns unsere Taschen, schlagen mit Mische ein und laufen los. Montagmorgen beginnt für Nick und mich mit einer Doppelstunde Physik-Leistungskurs.

Schneider stolziert in weißer Jeans und bestem Flamingohemd an den Tischen vorbei, wirft kurze prüfende Blicke auf die Versuchsaufbauten und lächelt dabei die ganze Zeit, als ob er gerade auf einem tierischen High unterwegs wäre. Bei Thorsten und Dirk kommt er zum Stehen, fährt zeitlupenmäßig seinen Arm aus, fingert kurz an deren Spannungsmesser herum, nickt zufrieden und stolziert dann weiter. Das Ganze macht er, ohne auch nur eine Sekunde aufzuhören zu lächeln. Was der Schneider da lokomotorisch abzieht, ist keine Bewegung, das ist Antibewegung, Mann. Damit will der uns zeigen, was für ein maximal entspannter Typ er ist. Ich bin Schneider, ich bin so ultratiefenentspannt, ich oszilliere im Einklang mit jedem einzelnen Molekül im Universum, ich bin kurz davor, mich aufzulösen und ins Nirwana einzutreten. Weiße Jeans, weit aufgeknöpftes Flamingohemd, dauertiefenentspannt: Das sind die Stoffeigenschaften von Schneider.

Dann ist er zurück am Pult. Machen Sie sich folgende Tatsache bewusst, sagt Schneider, dann macht er eine seiner Pausen und atmet einige Male gut hörbar ein und wieder aus.

Der ist hundert Pro vom anderen Ufer, hat Mische einmal gesagt. Bevor ihr mit dem sprecht, würde ich mir an eurer Stelle einen Korken hinten reinschieben.

Habt ihr dem schon einmal auf die Hose geschaut, wenn der so vor euch steht, hat Mische dann gefragt. Ich wette, dem sein Willi steht dann stramm. Deshalb legt der auch immer diese Pausen ein. Wahrscheinlich geht dem dabei voll einer ab.

Wenn ich richtig liege, dann hat Mische den Schneider nie gehabt. Aber er hat ihn auf dem Pausenhof herumstolzieren sehen und einem Kenner wie Mische reicht das zur Diagnose.

Machen Sie sich bewusst, sagt Schneider dann, seine beiden Augenbrauen schießen dabei in die Höhe, dass Sie heute einen Versuch von großer historischer Bedeutung nachstellen.

Pause, gut hörbares Ein- und Ausatmen. Miriam und Ursula vor mir schauen gespannt auf Schneider.

Als Millikan den Versuch im Jahre 1910 durchführte …

Warum legt der jetzt nicht einfach mal den Vorwärtsgang ein und drückt anständig aufs Gas? Ich drehe mich zu Nick, der hat den Kopf auf die Tischplatte geknallt, Knockout-Stellung. Vor uns auf dem Tisch steht ein dreifüßiges Stativ, auf dem ein längliches Glasröhrchen eingespannt ist. In dem Röhrchen sind zwei kleine metallische Platten zu sehen. Dazu Mikroskop, Zerstäuber und eine Stromquelle.

Dann gibt Schneider endlich das Startsignal.

Ich schalte die Lichtquelle an, drücke auf den Zerstäuber und klemme mich hinter das Mikroskop. Ich fixiere die schwarzen Markierungslinien auf dem hellgrauen Hintergrund, kurz darauf tauchen die ersten Öltröpfchen in meinem Sichtfeld auf: weiße Punkte, die langsam von unten nach oben schweben. Nach und nach tauchen immer mehr von diesen Teilen auf, die größeren sind etwas schneller und schweben an den kleineren vorbei.

Jetzt legen Sie Spannung an den Kondensator an, höre ich Schneider, fangen Sie mit 20 Volt an. Und dann die Spannung in kleinen Schritten erhöhen, sagt Schneider, Sie können hierbei … Ich schalte auf Durchzug, gleich sagt der mir noch, in welcher Frequenz ich schlucken soll, das muss echt nicht sein. Ich spiele mit dem Spannungsregler. Ich beschleunige die Öltröpfchen, genau wie die Pille mich am Wochenende beschleunigt hat, Mann, das war ein Gefühl. Dann bringe ich die Tröpfchen zum Stehen, lasse sie in die andere Richtung schweben, im Hintergrund hört Schneider nicht auf zu senden, der redet von elektrischen Feldern und Kräften, all das hat er uns doch schon fünfmal erzählt, sind wir hier auf der Baumschule, oder was? Meine Geduldsnadeln springen in den Sättigungsbereich. Ich drehe den Spannungsregler auf Maximum, die weißen Punkte rasen nach oben und verschwinden im Nichts, genau wie wir, irgendwann, irgendwann verschwinden wir alle im Nichts, aber davor lassen wir es uns richtig gut gehen. Ich spüre, wie sich ein drei Meter breites Grinsen in meinem Gesicht ausbreitet. Ich schiebe Nick meinen Ellenbogen in die Rippen, der hebt den Kopf und sieht mich verdutzt an.

Alter, sagt Nick und reißt seinen Mund zu einem fetten Gähnen auf, das Wochenende zieht mich ganz schön runter.

Jolly Jumper?, frage ich.

Es dauert einen Moment, bis Nick checkt. Dann nickt er.

Wer startet?, fragt er.

Egal, sage ich.

Nick fummelt an seiner Hosentasche herum. Schneider steht mit dem Rücken zu uns und schreibt eine Gleichung an die Tafel. Die Ameisen neben mir stieren in die Mikroskope. Irgendwann schwenkt Schneider zu uns, und in dem Moment schiebt Nick seinen Arm nach oben.

Als Nick ein paar Minuten später wieder einläuft, hat er rote Augen. Dann geht mein Arm nach oben. Kurz darauf stehe ich auf der Toilette. Zweite Kabine auf der linken Seite, wie immer. Ich fingere die halbabgebrannte Tüte aus der Klorolle und gebe Feuer. Dann schließe ich die Augen und denke ans Boot.

10

Am Nachmittag hängen wir bei Natalie ab. Natalie liegt flach ausgestreckt auf dem Sofa, Nick und ich hängen in den Sesseln, unsere Lungenschleusen sind im Daueröffnungszustand, langgezogene, sphärische Klänge schieben sich durch den Raum.

Geiler Sound, Alter, sagt Nick.

Ja Mann, sage ich. Fühlt sich voll weltraummäßig an.

Das ist Trance, sagt Natalie. Trance, denke ich mir, ist das jetzt Techno oder was – auf jeden Fall klingt das richtig cool. Cosmic Baby, sagt Natalie dann, das ist ein Nürnberger. Ich schließe die Augen. Rotgefärbte Galaxien und Sternennebel ziehen langsam an mir vorbei.

Nick tippt mich an und hält mir die Tüte vors Gesicht, ich übernehme und ziehe, ich schaue auf den Rauch, der sich vor mir auflöst. Und das triggert eine 1-A Kettenreaktion: Mein Bewegungskortex schießt ein Signal zum Rückenmark, das Drehmoment meines Schädels nimmt zu, dann schwappt eine Schallwelle aus meiner Kehle Richtung Natalie.

Was denkst du eigentlich über deine bevorstehende Auflösung?, frage ich.

Natalie liegt immer noch bewegungslos in der Horizontalen, sie schaut zur Decke.

Unsere Auflösung?, fragt sie.

Ja, Mann, sage ich. Wir kommen hier auf die Erde, wir wabern hier für ein paar Momente herum, und dann lösen wir uns auf. Ich hebe die Hand. Hier sind wir, sage ich, und schnippe dabei mit Daumen und Mittelfinger. Und weg sind wir, sage ich dann und schnippe dabei noch einmal. Für immer und ewig weg. Ab ins unendliche Nichts.

Natalie richtet sich auf und sieht mich nachdenklich an. Meine Motoren pumpen auf Hochtouren.

Das ist doch ein schlechter Film, sage ich. Die Erde ist doch nichts anderes als ein verdammtes Staubkorn im Universum. Auf diesem Staubkorn gibt es uns, ein Molekülklumpen, ein Zellhaufen. Verglichen mit dem Staubkorn Erde ist dieser Zellhaufen nichts als wieder ein Staubkorn, wir sind ein Staubkorn auf einem Staubkorn, Mann. Jeder einzelne Neuronendraht in meiner Birne ist jetzt am Glühen.

Und was den Vogel total abschießt, sage ich dann, ist, dass dieses Staubkorn auf einem Staubkorn über sich selber nachdenken kann. Gib dir das, ein paar mickrige Atome, die irgendwo im Universum herumschwirren, und diese Dinger fangen an, über sich selber nachzudenken. Die fangen an zu verstehen, dass sie existieren. Ich schaue zu Nick, der blättert schon wieder in irgendeinem Buch von Natalie, den interessiert das nicht, aber das kann ich ihm nicht übel nehmen, Mann, der hat den Text schon hundertmal gehört.

Und dann peilt dieser Zellhaufen auch noch, dass er sich in Kürze auflöst, sage ich.

Natalie sitzt jetzt leicht nach vorne gelehnt, sie hat die Ellenbogen auf ihre Knie gestützt. Warme Synthesizerflächen schieben sich durch den Raum, Natalie sieht mich an, und da weiß ich, dass sie mich versteht. Eine drei Meter hohe Wohlfühlwelle schwappt durch meine Leitungen. Natalie und ich, wir vibrieren auf einer Frequenz.

Ein Zellhaufen, der über sich selber nachdenkt, sagt Natalie und zieht dabei langsam an ihrer Zigarette.

Und was passiert nach dem Auflösen?, fragt sie.

Was soll da schon passieren?, frage ich. Die Pumpe bleibt stehen, unser Gehirn geht vom Saft, und das war es dann mit dem Existieren. Dann sind wir weg. Dann kommen die Bakterien und zerlegen uns in unsere Einzelteile. Aber das ist ja auch egal, sage ich, da gibt es uns dann schon nicht mehr, da sind wir ja nur noch Hülle.

Das ist dein Problem, Fred, sagt Natalie.

Ja, sage ich, damit habe ich ein Problem, Mann. Ich habe ein Problem damit, dass ich mich in Kürze ins Nichts auflösen werde. Und ich checke auch nicht, wie man damit kein Problem haben kann. Ich schaue sie an, ich warte auf eine Antwort, aber Natalie sagt nichts.

Du glaubst doch nicht an Gott oder an ein Leben nach dem Tod oder so einen Scheiß, sage ich.

Natalie schüttelt entschieden den Kopf.

Aber ich glaube, du nimmst deine Gedanken viel zu ernst, sagt sie dann. Du nimmst dich als Individuum viel zu ernst. So kommt man nicht weiter. So bleibt man der Zellhaufen, der nur über sich selber nachdenkt, sie lächelt. Dann nimmt sie die Packung Zigaretten vom Tisch und hält sie mir hin. Deshalb meditieren die Mönche, sagt sie und zündet sich dabei eine Zigarette an. Und deshalb raven wir.

11

Unsere ersten Wochen als Raver haben etwas Magisches. Diese Wochen katapultieren Nick und mich auf eine neue Umlaufbahn. Eben noch hängen wir mit zerrissenen Jeans und Lederjacken auf Spielplätzen herum, eben noch pumpen wir uns mit Bier und Whiskey voll und träumen davon, einmal so lässig wie Matze Reiher und seine Jungs zu sein. Dann taucht das Boot auf unserem Radar auf, kurz darauf sind Nick und ich mit Lichtgeschwindigkeit auf dem Weg in ein neues Leben. Aus zwei Rockern werden zwei im Stroboskopgewitter zuckende Raver.

Unser neues Leben ist bunt und fröhlich und starkstrommäßig aufgeladen. Der Brennpunkt ist die Samstagnacht im Boot. Die ganze Woche fiebern Nick und ich dieser Nacht entgegen: dem endlosen Tanzen im Elektrorausch, den meterhohen Gefühlswellen, die durch unsere Körper schwappen, dem pulsierenden Klangteppich, auf dem wir mit Überschallgeschwindigkeit durch die Nacht rauschen. Nick und ich, in unserem neuen Leben sind wir zwei oszillierende Federn, zwischen Montag und Samstag werden wir frisch gespannt, jeden Tag wird ein neues Gewicht an uns gehängt, jeden Tag werden wir etwas stärker gedehnt. Die Kraft F, die auf eine Feder wirkt, ist proportional zu ihrer Ausdehnung s. Die potenzielle Energie einer Feder steigt mit ihrer Ausdehnung und ergibt sich durch Integration der Kraft über die Ausdehnungsstrecke. Am Samstagabend erreicht unsere Federspannung ein Maximum, dann beginnt alles in uns zu vibrieren und zu brodeln, am Samstagabend sind wir eine Feder kurz vor der Bruchgrenze, am Samstagabend sind wir ein Elektron kurz vor dem Schalenaustritt. Dann kommt die Nacht. Wir sind im Boot, jede Samstagnacht sind wir im Boot, Nick, Natalie und ich, Elektrobeats knallen aus den Boxen, die erste Pille rauscht Richtung Magen, dann kommt es zur Energieumwandlung. Schlagartig sind die Gewichte verschwunden, wir stehen auf der Tanzfläche und zucken, die MDMA-Moleküle fließen durch unsere Blutbahnen, die Feder rauscht nach oben und nach unten – oben – unten – oben – unten – oben – unten – unsere kinetischen Akkus sind bis zum Anschlag geladen, wir schwingen durch die Nacht, hochfrequent, ungedämpft, harmonisch, reibungsfrei. Viele Stunden später sind unsere Bewegungen weniger kraftvoll, dann tanzen wir mit abnehmender Amplitude, wir schwingen aus. Dann steigen wir in den weißen Golf von Natalie, dann hängen wir in den Sesseln in Natalies Bude, dann sind wir eine Feder kurz vor dem Stillstand. Wir rauchen eine letzte Tüte und schließen die Augen. Es ist Sonntagnachmittag. Am Montag fängt alles von vorne an.

Man nehme das Boot, ein paar DJs und hundert Raver, umgebe uns mit einer metallenen Kapsel, schieße uns ins Weltall und beschleunige uns dort auf Lichtgeschwindigkeit. Wenn der Einstein richtig liegt, dann wäre das das Paradies. Eine nie endende Party in Zeitlupe, ein Tanz in der Unendlichkeit.

12

Der Stundenzeiger der Kirchenuhr in Faitach steht irgendwo zwischen Samstagnacht und Sonntagmorgen, mein Zeitgefühl hat sich schon lange in Luft aufgelöst, Natalie, Nick und ich sind wieder im Boot, das ist jetzt unser viertes Wochenende hier. Wir haben die ganze Nacht getanzt, die Faitacher Ameisen liegen in ihren Betten und schnarchen, jetzt stehen Nick und ich wippend an der Bar und lassen unsere Blicke schweifen, da gibt es Zauberhüte und Trillerpfeifen und Unmengen guter Laune.

Alter, sagt Nick und schiebt dabei sein Gesicht an mein Ohr, lass in die Lounge checken.

In die Lounge checken – die Schallwellen bewegen sich im Schneckentempo durch meine Wahrnehmungssysteme, meine Pupillen fixieren die Tanzfläche, bei mir läuft gerade alles in Zeitlupe ab. Dann schnall ich, dass Nick mit mir spricht. In die Lounge checken. Ich nicke und zünde mir eine Zigarette an.

Ja, Mann, sage ich, lass machen.

Wir ziehen los. Mein Körper ist leicht, als ob es ihn gar nicht geben würde, nur meine Füße, die spüre ich, die tragen mich vorbei am Flipper, die Eisentreppe nach oben, zur Kasse. Durch den braunen Vorhang am Eingang sticht uns für einen Moment das Tageslicht entgegen.

Wir kommen in die Lounge. Mit einem Schlag sind wir in einer anderen Welt. Die Lounge, das ist der Chillout-Bereich im Boot, das ist der Kühlraum, die Klänge sind leiser und tranciger hier, die Stimmungswellen sind nicht so energiegeladen, hier wird nicht getanzt, hier fläzen alle auf Sesseln und Sofas, hier sind alle Schalter auf Entspannung gestellt.

Wir schieben uns an die Bar und bestellen zwei Bier.

Mann, sage ich zu Nick und wippe dabei zum Beat, war das eine Nacht.

Nick nickt und grinst, er bewegt die Hand wellenförmig durch die Luft. Nick sieht müde aus.

Jeder einzelne Schwingungsvorgang entzieht einem Oszillator Energie. Das ist die gedämpfte Schwingung: ein Bewegungsvorgang mit ständig abnehmender Amplitude, ein Oszillator, der seiner Ruhelage entgegenstrebt. Und das Ameisenleben ist nichts anderes als eine verdammte gedämpfte Schwingung. Dann geht es in die unendliche Nichtexistenz. Meine rechte Hand ballt sich zu einer Faust. Ich, Fred Becker, ich akzeptiere das nicht, ich habe genau null Komma null Bock auf gedämpfte Schwingungen. Ich will das Gegenteil. Ich will steigende Amplituden. Ich schaue zu Nick, ich spüre den Sound, neben uns läuft gerade eine vibrierende Truppe von unten ein, und auf einmal durchströmt mich wieder dieses mächtige Gefühl von Glück und Energie.

Hey Mann, sage ich und lege meinen Arm über Nicks Schulter. Wir müssen gegen den Amplitudenrückgang kämpfen. Wir müssen das denen da oben zeigen, ich schiebe meine geballte Faust zur Decke. Ihr könnt uns mal, rufe ich. Eure Gesetze können uns gar nichts.

Nick zieht die Augenbrauen zusammen und starrt

mich an. Nach einigen Sekunden breitet sich ein Grinsen in seinem Gesicht aus. Alter, sagt er, und deutet mit dem Zeigefinger auf meinen Kopf. Du bist wirklich die fetteste Mutante, die ich kenne.

Wir hängen auf einer Couch ab. Nick mit geschlossenen Augen, der hat die Sendemasten auf Standby gestellt, bei dem geht nichts mehr, immerhin bewegen sich seine Beine noch zum Beat. Ich zünde mir eine Zigarette an. Da, am anderen Ende der Lounge, das ist doch Tom. Den habe ich ja ewig nicht gesehen, das letzte Mal vor zwei Jahren oder so, beim Skaten am Nürnberger Flughafen. Sowieso kenne ich den kaum, wir haben ein paar Mal gequatscht, und das war es dann. Tom war immer eine andere Liga, einer von den Nürnbergern, die waren sowieso alle eine Nummer cooler als wir Erlanger, und dann war Tom auch noch einer der Besten, der hat die Hammertricks in einer Mördergeschwindigkeit gestanden. Mein Blick klebt auf Tom, der dreht sich zu mir, er erkennt mich sofort, er lächelt und hebt die Hand mit ausgestrecktem Zeigefinger. Krass lässig. Tom sagt etwas zu dem Mädchen, das neben ihm sitzt, kurz darauf stehen die beiden vor mir.

Hey Fred, sagt Tom und hält mir die Hand zum Einschlagen hin. Als ob ich sein bester Kumpel wäre. Ich lache und schlage ein. Tom sieht tierisch frisch aus. Und stylish. Dabei hat der gar nichts Besonderes an, eine Jeans, ein weißes T-Shirt und ein Yankees Cap, aber genau das ist Tom, so war der auch immer beim Skaten, voll Understatement und trotzdem verdammt stylish. Ich habe dich heute Nacht schon gesehen, sagt Tom. Er zieht eine Schachtel blaue Nil aus seiner Hosentasche, schiebt sich eine Zigarette in den Mund und hält mir die Schachtel hin.

Du bist ganz schön abgegangen, sagt er und grinst. Ich nehme eine Zigarette, da fängt es schon an, alle rauchen Marlboro oder Gauloises oder Lucky Strike, aber Tom, der raucht blaue Nil.

Hast du aufgehört zu skaten?, fragt Tom.

Kann man so sagen, sage ich, und plötzlich pumpen meine Wehmutsgeneratoren. Ich stand schon Ewigkeiten auf keinem Brett mehr, Mann. Ich weiß nicht mal mehr, wie sich das anfühlt. Dabei war Skaten vor ein paar Jahren noch alles für mich. Damals habe ich mir jeden Tag nach der Schule mein Brett geschnappt und bin losgezogen, mit Carlos und Mutschler und den ganzen anderen – Schule – Skaten – Schlafen – Schule – Skaten – Schlafen – das waren meine Oszillationsbewegungen, fünfhundertmal nacheinander den gleichen Trick, bis man ihn steht, noch mal fünfhundert bis man ihn sicher steht und dann weiter zum nächsten Trick. Olli One-Foot von den Stufen an der Hauptpost, Nosegrinds auf den Steinen am Neuen Markt, 360° Flips, die ganze Zeit mit Schürfwunden und am Humpeln, dazu der Sound von The Cure. *Show me how you do that trick. The one that makes me scream she said. The one that makes me laugh she said and threw her arms around my neck.*

If you want to become a professional skater you have to grow your engine every day. Das hat irgendein amerikanischer Pro einmal in einem Interview in der Thrasher gesagt. Und genau das machten wir. Pro werden, gesponsert zu werden, das war mein erster Antiameisentraum. Irgendwann habe ich das meinem Vater erzählt. Aber dem ist nichts Besseres eingefallen, als sofort seine Ameisensäure zu verspritzen. Skateboardfahren, hat er gesagt, das ist ein nettes Hobby. Aber leben kann davon keiner.

Natürlich kann man das, habe ich gesagt. Ich kann dir ohne Probleme zehn Skater aufzählen, die davon leben. Eric Kosten, Danny Way –

Zehn, unterbrach mich mein Vater und lachte, oder auch hundert, das ist doch gar nichts. Was glaubst du denn, wie viele Angestellte ein Unternehmen wie Siemens hat? Irgendeine Vorstellung? Mein Vater machte eine kurze Pause. Dreihundertfünfzigtausend, sagte er dann, und in diesem Moment glühte sein ganzes Gesicht vor Insektenstolz.

Plötzlich flackert es vor meinen Bildschirmen auf, dann schnalle ich, dass Tom mir Feuer hinhält.

Warum hast du aufgehört?, fragt Tom.

Ich zucke mit den Schultern. Das muss ich ihm jetzt nicht erzählen. Vor zwei Jahren oder so, da wurde ich voll vom Matze Reiher-Fieber infiziert, da kam ich voll auf den Rockerfilm. Lederjacke, zerrissene Stretchjeans, lange Haare, die Nachmittage im Schlossgarten abhängen und Bierdosen bis zum Abkotzen schotten, dazu der Sound von Metallica und Pantera, das sind die Stoffeigenschaften eines Rockers. Und diese Eigenschaften mischen sich nicht gut mit denen eines Skaters. Rocker oder Skater, so war das damals, und ich wollte unbedingt ein Rocker sein. So wie Matze Reiher und seine Jungs. Wenn Tom mich so gesehen hätte, dann würde der jetzt nicht so lässig mit mir abhängen.

Keine Ahnung, sage ich.

Schade, sagt Tom. Du warst gut, er fixiert mich für einen Moment. Die One-Foots vom Fred, sagt er dann zu dem Mädchen neben sich, die waren der Killer.

Das weißt du noch?, frage ich.

Das haut mich um, Mann. Mich hätte es nicht gewundert, wenn Tom sich überhaupt nicht an mich erinnert hätte. Und dann kann der sich noch an den einzigen Trick erinnern, den ich besser als alle anderen konnte. Ich war kein Mörderskater, Mann, aber Ollie One-Foots, die habe ich rausgehauen wie sonst keiner.

Wir rauchen und wippen zum Sound. Immer wieder kommen irgendwelche Typen vorbei und bleiben bei uns stehen oder klopfen Tom kurz auf den Rücken, das fühlt sich tierisch gut an, hier abzuhängen mit Tom, der die ganzen Leute kennt.

Der Micha hat heute viel zu housig aufgelegt, sagt er und sieht mich an.

Ich fand das gut, sage ich.

Tom schüttelt entschieden den Kopf. Zu viel Kommerz, sagt er.

Bist du öfters hier?, fragt er dann.

Ich war erst ein paar Mal hier, sage ich und fühle mich dabei wie der Oberanfänger. Aber ich kannte den Laden bis vor ein paar Wochen auch nicht. Ich schiele zu dem Mädchen neben Tom. Ab jetzt komme ich immer, Mann, sage ich dann.

Tom grinst und bewegt den Kopf zum Beat. Das Boot ist auch einer der besten Läden, die es gerade gibt, sagt er. Von der Abfahrt her können wir locker mit dem Omen oder dem Airport mithalten, sagt er, und das ist schon was. In dem Moment legt das Mädchen ihre Hand auf Toms Arm.

Es ist schon nach acht, sagt sie. Tom nickt.

Wir müssen heute früher weg, sagt er dann. Mein Onkel feiert seinen Fünfzigsten, und da ist Anwesenheitspflicht. Er fingert noch eine Zigarette aus der Schachtel und schaut zu Nick, der pennt. Tom zögert einen Moment. Komm doch noch einmal mit raus, sagt er dann.

Klar Mann, sage ich. Obwohl ich keine Ahnung habe, was das soll.

Ich laufe hinter Tom und dem Mädchen, irgendwie habe ich das Gefühl, dass uns hier alle hinterhergucken, ich fühle mich gut. Wir kommen zur Kasse, da steht der bullige Typ mit Trainingshose, der ist hochfrequent am Vibrieren, sein Oberkörper wippt, seine Rechte hackt im 90°-Winkel den Beat in die Luft.

Wir ziehen los, sagt Tom.

Jetzt schon?, fragt der Typ erstaunt.

Geht heute nicht anders, sagt Tom. Family.

Pech Mann, sagt der Typ. Ab zehn legt René auf, und das wird ein Hammerset.

Sagst du Uwe, sagt Tom, dass ich weg musste und ihn im Belly treffe? Tom schiebt dem Typen die Hand hin, der schlägt ein, beugt sich zu dem Mädchen, gibt ihr einen Kuss auf die Backe und streckt mir die Hand zum High-Five hin. Als ob wir uns schon ewig kennen würden, Mann. Ich hebe ab.

Dann geht es durch den Vorhang ins Freie. Mit einem Schlag ist es hell. Wir laufen auf dem Kiesweg Richtung Parkplatz, aber eigentlich bin ich immer noch im Boot, ich habe die ganze Nacht getanzt, mein Köper ist bis oben hin mit Elektrosound geladen, alles an mir vibriert. Immer wieder treffen wir auf andere Raver, viele von denen kenne ich vom Sehen. Tom zündet sich eine Zigarette an.

Brauchst du Pillen?, fragt er dann. Er hat seine Stimme etwas gesenkt und schaut mich an, als ob er mich das Normalste der Welt fragen würde. Die Worte von Tom schwirren durch meinen Schädel, ich weiß nicht, was ich sagen soll. Dann klickt es, und ich checke, wie genial das ist. Pillen, Mann, die kann ich immer gebrauchen, im Moment sind wir da voll von Natalie abhängig, und für Pillen hat die ganz genau eine Connection.

Ja, Mann, sage ich schnell. Ich bin tierisch aufgeregt. Aber ich weiß nicht, ob ich noch Geld habe, sage ich dann. Ich greife nach meinen Geldbeutel, aber da legt Tom seine Hand auf meinen Arm.

Nicht hier, Fred, sagt er. Wir machen das im Auto.

Auf dem Parkplatz ist richtig was los, überall stehen da Raver, alles ist am Wippen und Zucken hier, die Klänge, die aus den Autos schwingen, vermischen sich mit der feuchten Sonntagmorgenluft. Mir ist kalt. Wir laufen quer über den Parkplatz, immer wieder nickt Tom irgendwelchen Leuten zu, und schon wieder taucht da dieses monstermäßige Gefühl in meinen Leitungen auf. Es ist Sonntagmorgen, Petra Hoffmann pendelt zwischen Esszimmer und Küche und deckt den Frühstückstisch, dreitausend Faitacher Ameisenhausfrauen pendeln zwischen Esszimer und Küche und decken den Frühstückstisch, zwei Sorten Marmelade, fein aufgeschnittener Käse, etwas Wurst, die Männer sitzen in den Sesseln und lesen Zeitung, vor den Häusern blitzen die frischpolierten Autos – aber ich, Fred Becker, ich bin in Nürnberg, ich bin raven, ich habe die ganze Nacht getanzt, und jetzt bin ich mit dem lässigen Tom unterwegs. Ich bin eine Feder, die reibungslos durch das Universum des Glücks springt.

Wir kommen zu einem Fiat Uno mit Nürnberger Kennzeichen, Tom und ich sitzen vorne, das Mädchen steigt hinten ein.

Wir drehen eine Runde, sagt Tom und startet den Motor.

Wie viele willst du?, fragt er, als wir von dem schmalen Weg auf die Landstraße auffahren.

Wie das klingt. Als ob ich jetzt alles sagen könnte. Ich denke kurz nach.

Vier?, frage ich dann. Oder ist das zu viel?

Das ist kein Problem, sagt Tom.

Was kosten die denn?, frage ich.

Vier machen hundert, sagt Tom. Wenn du einmal mehr willst, geht es auch billiger.

In dem Moment reicht das Mädchen mir ein kleines, durchsichtiges Plastiktütchen mit vier Pillen nach vorne. Die sehen anders aus als die von Natalie, weiß und rund sind die, mit eingestanzten Rauten.

Das sind Mitsubishis, sagt Tom, absolute Spitzenpillen.

Ich krame in meinem Geldbeutel, aber da sind nur zwei Zehner.

Kein Problem, sagt Tom. Das gibst du mir nächstes Mal. Tom dreht sich zu dem Mädchen.

Notierst du das?, fragt er. Dann überlegt er einen Moment. Fred läuft unter One-Foot, okay?

Seine Hand bewegt sich zur Anlage, kurz darauf hämmert ein schneller Schlagzeugsound durch das Auto. Tom wippt zufrieden mit dem Kopf. Das ist anständige Musik, sagt er.

Ganz schön hartes Zeug ist das, sage ich.

Ein Tape aus Mannheim eben, sagt er und zündet sich dabei eine Zigarette an, Drum and Bass.

Wir kommen wieder an den Parkplatz.

Wir fahren gleich weiter, sagt Tom und hält mir die Hand zum Einschlagen hin. Bis nächste Woche, sagt er dann und lacht.

13

Man bräuchte einen Controller, sage ich, mit dem man die Geschwindigkeit des Lebens einstellen kann.

Es ist Dienstagabend, wir hängen bei Natalie ab, warme, trancige Schallwellen umhüllen unsere Körper. Nick und ich kleben vollentspannt auf einem der Sessel, Natalie liegt flachgestreckt wie ein Lineal auf ihrem Sofa, Augen geschlossen und Richtung Decke positioniert, in der Linken hält sie eine brennende Tüte. Ich schaue zu Nick und dann zu Natalie, von irgendwo in meiner Birne kommt die Meldung, dass wir gar nicht hier sind, in der Bude von Natalie, am Bohlenplatz 2b. Nein, Natalie, Nick und ich, wir hängen als großformatige Fotografie mit dem Titel *Unendlicher Spaß* an einer weißen Wand, wir sind Teil einer Ausstellung im Lebendigkeitsmuseum. Vor uns stehen zwei grauhaarige und schrumpelige Ameisen, die eine ist auf die schwarzen Ledergriffe ihres Rollators gestützt. Die beiden glotzen uns an, aber checken nichts. Die haben keine Ahnung, wie viel sie verpasst haben in ihrem Ameisenleben. Aber das ist auch egal jetzt, für die beiden ist es zu spät.

Natalie bewegt die Hand mit der Tüte zum Mund, eine gelblich-weiße Rauchwolke steigt vom Sofa nach oben.

Einen Controller?, fragt sie, die Augen immer noch geschlossen und auf die Decke gerichtet. Dann steigt eine zweite Rauchwolke nach oben.

Ja, Mann, sage ich, ein kleiner Controller, der in meine Hosentasche passt. Und dieser Controller braucht nur zwei Tasten, meine Mundwinkel gehen in Schaukelstellung, fast forward und slow motion.

Das klickt die beiden aus dem Standbymodus, ruckartig drehen die sich zu mir und für einen Moment lachen wir uns an. Wir checken genau, was hier abgeht. Nick, Natalie und ich, wir vibrieren auf einer Wellenlänge. Ein warmer Glücksregen rieselt aus meinen Synapsen.

Wie geil, sagt Nick, seine Unterlippe ist am Glänzen.

Dann könnten wir die unangenehmen Momente im Leben einfach überspringen.

Und die guten verlangsamen, sage ich.

Gib dir das, sage ich und hebe meine Hand, am Freitag ziehen wir den Geschwindigkeitsregler nach unten, dann schwingen wir in Zeitlupe durch die Nacht, dann tanzen wir auf einer Party im Endlosloop. Eine Pille, die drei Tage durchkickt, eine Nacht im Boot, die zwei Wochen dauert. Das ist mächtig, Mann.

Natalie nickt, und da checke ich, dass die mir schon die ganze Zeit die Tüte hinhält. Und das ist genau das, was ich jetzt brauche. Ich übernehme und bringe das Teil so richtig zum Glühen, meine Lunge füllt sich bis zum Anschlag mit Rauch, Millionen THC-Moleküle drücken sich in meinen Blutkreislauf. Kurz darauf vernebelt es mir die Schaltzentrale, die Rotationsenergie in meinem Schädel nimmt zu, ich schließe die Augen und lehne mich zurück.

Und wenn ich das nächste Mal im Physik-Leistungskurs sitze, sagt Nick, und der Schneider wieder über Körper, die auf schiefen Ebenen rollen, philosophiert, wisst ihr, was ich dann mache? Dann gähne ich laut, dann klemme ich mir eine Kippe zwischen die Zähne, und wenn der dann mit seinem rosa Hemdchen vor mir steht, dann gebe ich Feuer, zücke meinen Controller und drücke auf fast forward.

Fast forward zum nächsten Wochenende, sage ich und lache.

Natalie ist aufgestanden und schiebt ein neues Tape in die Anlage. Wir mixen die Klänge unseres Lebens, sagt sie.

Ja, Alter, sagt Nick und grinst breit.

Das Tape gibt Schub, das merke ich sofort, eine Bassline schiebt sich als Zehnmeterwelle durch den Raum.

Ja, Mann, sage ich, das ist unser Leben.

Natalie wippt zufrieden mit dem Kopf und regelt die Musik hoch, dann macht sie ein paar Schritte zum Fenster. Es ist dunkel draußen. Dünne Rauchfäden strömen aus ihrem Mund und stoßen frontal und ohne Airbag gegen das Fenster. Dann dreht sie sich zu uns.

Wir haben den Controller doch schon längst in der Hand, sagt sie. Jeder von uns hat seinen Controller in der Hand.

Controller in der Hand, sekundenlang feuern Natalies Worte auf der Suche nach Bedeutung durch meine Schaltkreise. Irgendwann treten sie in die richtigen Areale ein, dann schnalle ich, was Natalie meint. Das Leben liegt vor uns. Wir können damit machen, was wir wollen. Niemand kann uns davon abhalten. Wir übernehmen die Kontrolle über unser Leben. Wir formen unser Leben. Ich lache. Natalie schließt ihre Augen und tanzt.

Die zischenden Sounds der Hi-Hats schlängeln sich als neongrüne Flagellen durch den Raum, Natalie und ich tanzen vor dem Fenster, Nick hängt auf dem Sessel ab und dreht eine Tüte. Die Wucht des Basses drückt die Flagellen direkt durch die Haut in meinen Blutkreislauf. Im Dr. Ritterweg ist jetzt Schlafenszeit, achtundfünfzig Ameisen stehen vor den Badezimmerspiegeln und putzen sich die Zähne, ich fahre meine Arme zu Flügeln aus und gleite auf einer Elektrowolke durch den Raum. Ich werde den Controller gut benutzen. Ich werde Spaß haben. Ich werde leben!

14

Hey Mann, sage ich, am Samstag legt irgendein Berliner DJ im Boot auf. Das wird der Hammer.

Es ist Dienstagmorgen, Nick, Mische und ich hängen auf dem Raucherhof ab.

Ich schaue zu Mische, der sieht gelangweilt aus und scheint nicht zuzuhören, und in dem Moment sehe ich, wie Nick seinen Kopf schüttelt.

Nächsten Samstag habe ich mein Date mit Anke, Alter, sagt Nick und grinst breit.

Anke. Es dauert einen Moment, bis ich das checke. Die Rothaarige vom Marie-Therese-Gymnasium, die hat Nick vor ein paar Wochen auf irgendeiner Party kennengelernt.

Das kannst du doch auf einen anderen Tag verschieben, Mann, sage ich. Das ist doch nicht so wichtig.

Nicht so wichtig, Nicks Stimme springt in den kurzwelligen Bereich. Hast du einen Einschlag, Alter? Ich habe drei Wochen lang geackert, um dieses Date zu bekommen. Ich bin doch nicht bescheuert.

Da schiebt sich Mische breitbeinig vor Nick. Genau deshalb musst du das jetzt absagen, sagt er. Was bildet die Alte sich überhaupt ein? Hält dich wochenlang hin, die denkt wohl, die kann alles mit dir machen?

Außerdem macht dich das nur interessanter, Mische

zieht an seiner Zigarette. Das weiß doch jeder Anfänger. Je rarer du dich machst, sagt er, desto schneller kommst du an ihre Möse.

Ich muss lachen. Das klingt mir verdammt nach einem Naturgesetz, Mann, sage ich. Und das schüttelst du einfach so aus dem Ärmel. Du bist ein Genie, Mann. In dem Moment klingelt es, und wir ziehen los.

15

Drei Monate nach dem Einzug in meine Bude in der Gerhart-Hauptmann-Straße 11 stoßen Nick und ich das erste Mal auf Tripster. Es ist Mittwochmorgen, kurz vor acht, Nick hat mal wieder bei mir gepennt, eben gerade haben wir noch die Rauchschwaden der gläsernen Schönheit durch unsere Lungen rauschen lassen, jetzt hetzen wir vollbeschleunigt Richtung Schule, mit dem Aufzug sieben Stockwerke nach unten, dann raus, an der Wand mit den Briefkästen vorbei, und genau da springt Nicks Beschleunigungsvektor schlagartig in den negativen Bereich.

Alter, sagt Nick und zeigt zu den Briefkästen.

Lass weiter, Mann, sage ich, wir sind zu spät. Nick starrt auf die Briefkästen. Jetzt sehe ich, dass da mit dem Rücken zu uns ein Typ steht und einen der Briefkästen mit einer Zange traktiert.

Nick bewegt seinen Kopf ein Stück nach vorne.

Alter, sagt er, der bricht deinen Briefkasten auf. Nicks Augen sind im XXL-Modus. Hey, ruft er dann, tritt mal auf die Bremse, Alter.

Der Typ zuckt zusammen, der schnallt sofort, dass er gemeint ist. Dann dreht er sich langsam zu uns. Der ist unser Alter, ist groß und schlaksig, vielleicht einen Meter neunzig oder so, und hat glatte strähnige Haare, die zu einem kantigen Topfschnitt gestutzt sind. Voll steinzeitmäßig. Der schaut uns an, als ob wir gerade direkt vom Mars eingeflogen wären, dabei zucken seine Augen immer wieder in der Horizontalen hin und her. Der vibriert auf einer mir unbekannten Frequenz.

Die Aktion mit dem Briefkasten kam so. Ein Kumpel von Tripster hatte einen Briefumschlag, der für Tripster bestimmt war, in meinen Briefkasten geworfen. Tripster wohnt nämlich auch in der Gerhart-Hauptmann-Straße 11, heißt eigentlich Hans Haller, dem sein Briefkasten klebt genau unter meinem, und das hat den Kumpel dazu gebracht, den Umschlag versehentlich bei mir einzuwerfen. Das Problem hierbei war nur, dass in dem Umschlag eine dicke Ladung LSD war, und als Tripster geschnallt hatte, dass die Teile im falschen Briefkasten gelandet waren, ging bei dem in der Birne ein Transmittergewitter runter. Kurz darauf startete er die Zangenaktion. Mein Briefkasten war danach natürlich im Eimer. Aber Tripster und ich, wir haben uns sofort verstanden, und seit der Nummer mit dem Briefkasten schwingt Tripster ziemlich regelmäßig bei mir vorbei.

Tripster kreist ein paar Atomschalen über uns, das kapiere ich schnell. Im Vergleich mit Tripster sind Nick und ich die Obergrünschnäbel. Das fängt schon damit an, dass Nick immer noch bei seinen Eltern wohnt, und ich ja auch erst gerade aus Faitach raus bin. Tripster ist da eine ganz andere Nummer, der hat sich schon mit elf aus dem Ameisenkraftzentrum seiner Eltern verabschiedet, von da ging es rein ins betreute Wohnen, und seit letztem Jahr wohnt Tripster in einer Dreier-WG hier im zweiten Stock. Und während Nick und ich jeden Morgen zur Schule marschieren, hat Tripster auch das hinter sich gelassen.

Letztes Jahr haben die mich zum zweiten Mal von der Schule geschmissen, sagt Tripster und fuchtelt dabei mit den Händen vor meinem Gesicht herum. Seitdem kann ich mich ganz auf meine Studien konzentrieren.

Deine Studien?, frage ich. Wovon redest du, Mann?

Tripster sagt nichts, sondern stiert mich wieder einmal sekundenlang mit seinem zuckenden Tripsterblick an.

Meine Bewusstseinsstudien, sagt er dann, und plötzlich fängt er an, kreischend zu lachen.

Ein wesentlicher Teil dieser Studien sind Tripsters Exkursionen in den Tennenloher Wald, alleine, und mit einer anständigen Ladung LSD in den Adern. Das läuft dann so ab: Samstagfrüh, noch vor Sonnenaufgang, da legt Tripster sich das erste Teil, dann zieht er sich seinen Rucksack auf, marschiert einmal quer durch die Stadt und dann ab in den Wald. Rückkehr in die Gerhart-Hauptmann-Straße irgendwann zwischen Samstagnacht und Montagfrüh.

Wenn Tripster bei mir einläuft, dann gibt es ihn in genau zwei Aggregatzuständen. Meistens steht er mit zusammengekniffenen Augen und steifer Körperhaltung da. Er schaut mich dann kaum an, zieht mit großen Schritten an mir vorbei in mein Zimmer, setzt sich im Schneidersitz vor das Fenster, den Rücken kerzengerade, den Kopf leicht zur Seite geneigt. Dann dreht er eine Tüte, zieht sich das Teil im Alleingang rein, schließt die Augen und bleibt für die nächste Stunde oder so in exakt dieser Haltung. Irgendwann steht Tripster dann ruckartig auf und zieht mit den gleichen, großen Schritten, mit denen er hier eingelaufen ist, wieder los. Keine Ahnung, was bei Tripster an diesen Tagen abgeht, aber ansprechbar ist er da auf jeden Fall nicht. An anderen Tagen mache ich die Tür auf und werde von einer riesigen Tripsterenergiewelle überrollt. Tripster umarmt mich, fuchtelt hektisch mit den Händen vor meinem Gesicht herum und redet auf mich ein. An diesen Tagen bleibt Tripster in der Mitte meines Zimmers stehen und bewegt sich mit kantigen Bewegungen zur Musik. Dazu dreht er im Fünfzehnminutentakt Tüten, die er kurz anraucht und dann an mich weitergibt. Dabei ist er die ganze Zeit am Reden. Oder er lacht kreischend.

Zwei Wochen, nachdem wir ihn von meinem Briefkasten weggezogen haben, hängen Tripster und ich wieder einmal in meiner Bude ab. Tripster hat gerade eine frische Tüte gezündet, der Sound von meinem neuen Westbam-Tape zwitschert durch mein Zimmer, Tripster zieht mehrmals mit geschlossenen Augen an der Tüte.

Komm doch mal mit, sagt er.

Ich checke sofort, dass er von seinen Exkursionen redet.

Samstags bin ich raven, sage ich. Überhaupt, sage ich dann, was machst du da eigentlich die ganze Zeit, im Wald?

Tripster nimmt noch einen Zug von der Tüte und schaut mich geheimnistuerisch an.

Ich wette, der Spinner sucht sich da eine Holzhütte und spielt dann stundenlang an seinem Pimmel herum, hat Mische einmal gesagt.

Ich lerne zu hören und zu sehen, sagt Tripster, seine Stimme hat jetzt diesen schmelzpunktmäßigen Guru-Erleuchtungssound.

Erst denke ich, dass Tripster mich verarschen will. Aber dann schnalle ich, dass er das ernst meint.

Du lernst hören und sehen?, wiederhole ich. Wovon redest du, Mann?

Tripster schaut mich mit horizontal hin- und herzuckenden Augen an. Dann breitet sich auf seinem Gesicht ein fettes Grinsen aus. Er hebt die rechte Hand und schließt seine Augen.

Schhhhh… schhhhh… schhhhh…, für einige Sekunden gibt Tripster dieses Rauschen von sich. Dann öffnet er langsam die Augen.

Hast du das gehört?, fragt er.

Na klar, Mann, sage ich und grinse, ich habe doch nichts an den Muscheln.

Tripster nickt zufrieden. Im nächsten Moment schiebt er mir ruckartig seine Hand vors Gesicht.

Und das, siehst du das hier?, fragt er.

Was soll der Scheiß, sage ich und lache, na klar sehe ich das, Mann.

Tripster stiert mich an, und auf einmal verliert sein Gesicht jegliche Lebendigkeit. Als ob die da oben gerade jede einzelne elektrische Verbindung in seinen Gesichtsmuskeln gekappt hätten. Wenn Tripster so weitermacht, dann mumifiziert der sich hier vor meinen Augen.

Was geht denn mit dir, Mann?, frage ich.

Keine Reaktion.

Tripster, sage ich und lege meine Hand auf seinen Rücken. Da kommt schlagartig Bewegung in sein Gesicht. Seine Augen verwandeln sich in zwei energiegeladene Schlitze, seine Nasenflügel zittern, seine Mundwinkel gehen in Schaukelstellung, Tripster lacht auf.

Du denkst, du kannst sehen und hören, stößt er heraus, sein Lachen wird schriller. Du denkst wirklich, dass du sehen und hören kannst, wiederholt er, seine Stimme wird immer lauter. Plötzlich fängt Tripster an, am ganzen Körper zu zucken. Was geht denn mit dem ab, Mann. Dabei bist du blind und taub, schreit er und ist jetzt heftig am Zucken, blind und taub bist du, blind und taub, blind und taub. Tripster ist auf Starkstrom, der hört nicht auf zu schreien und mit seinen Armen in der Luft herumzufuchteln, blind und taub seid ihr alle, kreischt er, blind und taub, blind und taub. Das ist ja nicht auszuhalten, wenn der jetzt nicht gleich aufhört, renne ich raus, dem seine Platte ist voll auf dieser Rille hängengeblieben. Doch da hört Tripster abrupt auf zu kreischen.

Wir haben Ohren, aber können nicht hören, sagt er, seine Stimme ist jetzt leise und hat schon wieder diese Guru-Vibrationen. Wir haben Augen, aber wir wissen nicht, wie man sieht. Das ist das Weltengesetz, sagt er feierlich. Das sind die zwei Seiten der ewigen Wahrheit. Das ist das Yin und das Yang.

Keine Ahnung, was Tripster da faselt, Weltengesetz, Yin und Yang, was soll das. Immerhin hat er sich beruhigt.

Alles um uns herum will mit uns sprechen, flüstert er. Jeder Tropfen Wasser, jeder Stein, jeder Baum, alles hat uns unendlich viel zu sagen. Die Welt ist ein einziger großer Text, und unsere Aufgabe ist es, diesen Text zu lesen.

Tripster schaut mich erwartungsvoll an.

Was will mir der Stein denn sagen?, frage ich.

Wir müssen lernen zu hören und zu sehen, flüstert Tripster. Nur so können wir uns mit dem Kosmos verbinden. Das ist das Weltengesetz. Wieder schließt er die Augen.

Schhhhh… schhhhh… schhhhh…, wir müssen lernen zu hören und zu sehen. Es gibt keinen anderen Weg. Das ist das ewige Gesetz von der Schaffung und der Zerstörung der Dinge. Das ist der Kreislauf des Seins. Schhhhh… schhhhh… schhhhh…

Nach ein paar Wochen kapiere ich, dass Tripster und ich auf der gleichen Frequenz schwingen. Ich gehe raven, Tripster geht in den Wald. Ich schlucke Pillen, Tripster legt sich LSD. Für mich sind das Ameisen und Kopien, für ihn Taube und Stumme. Das ist doch klar, Mann. Tripster und ich, wir haben genau null Komma null Bock auf dieses durchnormierte und sauber gestanzte Ameisendasein, auf dieses Nullachtfünfzehn-Leben, auf diese nie endenden schwachstrommäßigen Bewusstseinszustände. Wir wollen mehr. Wir wollen leben.

16

Abgedrehter Typ, Alter, sagt Nick, als ich ihm von der Hören-und-Sehen-Nummer von Tripster erzähle. Die Show hätte ich gerne gesehen. Nicks Unterlippe geht auf Transpirationsmodus.

Abgedreht, wiederholt Anke. Was ist denn daran abgedreht? Der pumpt sich mit LSD voll und verkauft das als spirituelles Programm, sie schüttelt den Kopf. Der ist doch total durchgeknallt.

Nick sagt nichts und starrt vor sich hin, als ob er keine eigene Meinung hätte.

Stimmt schon, sagt er dann. Normal ist das nicht.

Ich drehe mich zu Nick, ich kann nicht glauben, was der gerade gesagt hat. Aber irgendwie passt das total. Seit Nick vor ein paar Wochen mit Anke zusammengekommen ist, sind seine Lebensmagneten auf Entladung gepolt.

Dabei fand ich Anke am Anfang ziemlich cool. Mit der kann man super in meiner Bude abhängen und chillen, und auch sonst klebt die nicht so klettenmäßig an Nick. Dachte ich. Aber dann haben wir die zweimal mit ins Boot genommen, und das hat die auf den vollen Anti-Film geklickt. Anti-Raving. Anti-Drogen. Anti-Leben.

Die sind doch alle total vollgepumpt mit harten Drogen, sagt Anke nach dem zweiten Mal Boot.

Nick sagt nichts.

Harte Drogen, sage ich, das ist doch ein willkürlicher Scheißbegriff. Nur weil irgendwas nicht schon seit Jahrhunderten bei uns genommen wird, nennt man es dann harte Drogen.

Nick nickt und grinst und zündet sich eine Zigarette an.

Also ist es egal, ob du Heroin spritzt oder ein Bier trinkst?, fragt Anke, und das bringt meine Schaltungen schlagartig zum Glühen. Nick muss es doch genauso gehen, aber der ist am Vorsichhinstarren, als ob er eine Packung Schlaftabletten geschluckt hätte.

Wer redet denn von Heroin, Mann, sage ich. Im Boot nimmt doch keiner Heroin.

Aber Ecstasy, sagt sie.

Das hast du doch selber genommen, sage ich und lache los.

Einmal probiert habe ich das, sagt sie. Aber die im Boot, die nehmen das doch die ganze Zeit. Jedes Wochenende werfen die sich so etwas ein. Und außerdem wird da noch viel mehr genommen, da bin ich –

Na und, unterbreche ich sie. Wenn diese Alkoholdeppen sich jedes Wochenende literweise Bier oder Whiskey oder was weiß ich noch reinfahren und dann aggressiv herumprollen, dann sagt keiner was. Aber wenn du Ecstasy nimmst und dann glücklich und friedlich tanzen gehst, dann ist das tierisch gefährlich, oder was?

Anke glotzt mich an, ohne etwas zu sagen. Der gehen die Argumente aus, Mann.

Schau mich doch an, sage ich, ich gehe jeden Samstag ins Boot, ich bin jedes Wochenende raven, und mir geht es tierisch gut. Alles top hier oben, ich deute mit dem Finger auf meinen Schädel, und auch sonst ganz genau null Komma null Probleme.

Anke lacht los. Ja, klar, sagt sie, jetzt geht es dir gut. Das ist doch der Punkt bei den harten Drogen. Am Anfang geht es dir super, und dann geht es abwärts. Und wenn du das merkst, dann ist es zu spät.

In diesem Moment würde ich dieser Oberameise am liebsten mit meinem nackten Arsch ins Gesicht springen. Ich drehe mich zu Nick, der ist schon wieder am Starren, und auf einmal schnalle ich, dass der im besten Duckmäusermodus unterwegs ist. Am liebsten würde ich den jetzt packen und schütteln und fragen, warum er die ganze Zeit so dämlich schaut und seinen Mund nicht aufkriegt.

17

Drei Häuser neben uns, im Dr. Ritterweg 5, da hat früher die Familie Maier gewohnt. Als ich fünfzehn war und gerade vom Skater zum Rocker transformierte, da sind die Maiers topfpflanzenmäßig nach Atlanta umgezogen. Dahin hatten die nämlich den Maier versetzt, natürlich auch eine der dreihundertfünfzigtausend beschlipsten Ameisen im Dienst der Siemens Aktiengesellschaft.

Ich schnalle das nicht, habe ich damals meinem Vater entgegengeknallt. Irgendein Vollhorst bei Siemens grunzt Atlanta, und der Maier springt. Ist der eine Komplettmarionette, oder was? Hat der keine eigenen Ideen, wo er leben will?

Mein Vater hat mich angeschaut, aber nichts gesagt. Da habe ich einen Gang nach oben geschaltet.

Maiiiier, habe ich gerufen, mit künstlich tiefer Stimme, dann habe ich meinen Rücken gekrümmt und die Arme schimpansenmäßig vor mir herabhängen lassen. Maiiiier, habe ich dann noch einmal gerufen, sie gehen jetzt nach Hunzeldumpfel bei Dumpfelwunzel, und zwar sofort. Dazu habe ich meine Arme hin und her geschwenkt und einen maximal dümmlichen Gesichtsausdruck aufgesetzt.

Mein Vater hat mich ärgerlich angeglotzt.

Der würde wohl in jedes Kaff ziehen?, habe ich gesagt.

Atlanta ist doch kein Kaff, hat mein Vater gesagt. Außerdem geht es darum doch gar nicht.

Natürlich geht es darum, habe ich gesagt. Außer dem Maier hat nämlich niemand Bock, dahin zu ziehen.

Das ist eine große Chance für Herrn Maier, hat mein Vater gesagt und dabei einige Male mit seiner Hand vor meinem Gesicht herumgewedelt. Aber das verstehst du nicht. Und so etwas interessiert dich ja auch nicht. Du stehst hier herum und klopfst lockere Sprüche. Aber wer das Geld ranholt, wer dafür sorgt, dass es jeden Tag etwas zu essen gibt, das ist dir egal. Dann hat er sich umgedreht und ist aus dem Zimmer gelaufen. Wie immer. Entweder rastet er aus und schreit herum oder er läuft weg.

Dabei habe ich ganz genau verstanden, was hier für ein Sound gespielt wird. Ich besitze nämlich eine eigene, ziemlich gut verdrahtete Schaltzentrale. Wenn der Maier in ein paar Jahren aus Atlanta zurückkommt, dann machen die ihn sofort zum Ameisengruppenleiter als Belohnung für fünf Jahre Arbeitslager Atlanta. Und dann bekommt der Maier sofort den nächsten, maximal sinnlosen Job aufgehalst, für den er dann ein paar Jahre später zum Ameisenabteilungsleiter befördert wird. Und so geht das dann weiter, immer weiter, bis der Maier irgendwann alt und klapprig ist, und dann ist sein Ameisenleben vorbei. Und weil das alles so maximal spannend ist, werden seine beiden Söhne Betriebswirtschaft und Maschinenbau studieren, um dann stanzgenau in die Lebensfußstapfen ihres Vaters zu treten. Um dann Schritt für Schritt dieses kümmerliche Ameisenleben nachzuleben.

Die Maiers wurden nach Atlanta verpflanzt, und kurz darauf sind Petra und Olaf Hoffmann in deren Haus eingezogen. Und die Hoffmanns waren anders als die anderen bei uns in der Straße, das hat man sofort gemerkt.

Olaf Hoffmann hat etwas Tonnenartiges, der bringt sicher hundert Kilo auf die Waage, keine Ahnung, wieviel davon Muskeln und wieviel Fett ist. Anlegen würde ich mich mit dem jedenfalls nicht. Und im rechten Mundwinkel von Olaf Hoffmann hängt eigentlich immer eine von diesen Marlboro Light 100 Zigaretten, als ob die Teile da festgewachsen wären.

Die Muschi bereitet sich wohl auf eine Geschlechtsumwandlung vor, sagt Mische, als ich ihm einmal vom Hoffmann erzähle. Marlboro Light 100, sagt er und lächelt dabei verächtlich, das sind die fettesten Pussykippen, die es gibt.

Dabei knallt Olaf Hoffmann die ganze Zeit Sprüche raus, die einem klar machen, was für ein harter Typ er ist. Zweihundert Liegestützen drücke er pro Tag weg, hat er mir einmal erzählt. Ein anderes Mal hat er mir erzählt, wie er einmal zwanzig Kilo in sechs Wochen abgenommen hätte. Das war ein Kinderspiel, hat er gesagt. Dafür brauchst du keine ausgefeilte Diät. Ich habe einfach komplett aufgehört zu essen. Zwei Liter Fruchtsaft pro Tag, das war es. Dann geht das Gewicht von alleine runter.

Wenn Olaf Hoffmann solche Sprüche von sich gibt, dann sieht er einen an, als ob er der Terminator persönlich wäre. Keine Ahnung, warum der mir überhaupt solche Sachen erzählt hat, Mann, Liegestützen, Abnehmen, ich bin doch nicht sein Beichtvater. Aber eigentlich ist mir das auch total egal. Im Dr. Ritterweg 5 gibt es nämlich genau eine Person, die mich interessiert. Und das ist ganz sicher nicht Olaf Hoffmann.

Wenn ein Elektron aus seiner Schale herausgeschlagen wird und kurz darauf auf einer höheren Schale landet, dann nimmt sein Energieniveau in einem diskreten Quantensprung zu. Wenn ich die Argumente Gabi Gerster und Petra Hoffmann nacheinander in die Erregungsfunktion meines Sexuallappens füttere, dann verwandelt die sich in eine ansteigende Stufenfunktion. Kurz nachdem die Hoffmanns ihre Wurzeln in dem freigewordenen Blumentopf im Dr. Ritterweg 5 ausbreiteten, richtete sich jede einzelne meiner Kompassnadeln auf Petra Hoffmann aus.

Petra Hoffmann arbeitet auch bei Siemens, halbtags, als Sekretärin der Abteilungsleiterameise Dr. Vogel. Morgens, um sieben, da schrumpft Petra Hoffmann von ihren langbeinigen ein Meter zweiundachtzig auf einen Zentimeter, um dann auf allen sechsen aus dem Dr. Ritterweg 5 herauszukrabbeln, Richtung Ameisenhaufenhauptzentrale. Dann, zwischen acht Uhr morgens und dreizehn Uhr mittags, wird sie von Dr. Vogel nach Belieben zwischen drei Tiefsttemperaturzuständen herumgetreten: Frau Hoffmann, wir brauchen dringend Kaffee, wir haben jetzt wieder eines unserer Ameisentreffen – Frau Hoffmann, wir brauchen Kopien von diesen maximal sinnlosen Unterlagen – Frau Hoffmann, sie müssen diesen inhaltsleeren Text noch bis heute Mittag abtippen. Warum hat der Vogel nicht gleich eine Schimpansin eingestellt? Warum ersetzen die nicht die dreihundertfünfzigtausend Siemensameisen durch dreihundertfünfzigtausend Schimpansen? Meine Hand ballt sich zu einer Faust, die zum Himmel rauscht. Auflösen, schreie ich, alle sofort auflösen!

Sobald es warm genug ist, verbringt Petra Hoffmann die Zeit, die sie nicht im Ameisenhaufen herumkriecht, in ihrem Garten. Und wenn Petra Hoffmann im Garten ist, dann trägt sie einen weißen Bikini. Und weil die Hoffmanns im Gegensatz zu allen anderen im Dr. Ritterweg keinen meterhohen Sichtschutz aus Bäumen und Sträuchern am Zaun haben, habe ich sie dann immer gut gesehen. Petra Hoffmann, in ihrem weißen Bikini, ihre langen Beine, ihre großen Brüste, die Sommersprossen auf ihrem Bauch, wenn diese Bilder durch meine Sehnerven Richtung Erregungszentrum funken, dann kommt es da mit Garantie zu einer Vollexplosion. Dann verwandle ich mich in ein Stück Eisen im Feld eines Supermagneten. Und weil es für mich nichts Schöneres gibt, als durch ein riesiges magnetisches Feld zu rauschen, habe ich meinen Körper so oft wie möglich am Gartenzaun des Dr. Ritterwegs 5 vorbeigeschoben.

Irgendwann, vor zwei Jahren oder so, zog ich mit Nick einmal am Garten der Hoffmann vorbei. Ich wollte sie ihm zeigen.

Petra Hoffmann lag im weißen Bikini auf ihrem Holzliegestuhl, einige Meter entfernt von uns auf der Terrasse.

Nick verzog sein Gesicht, als ob er gleich kotzen müsste.

Alter, flüsterte er, das meinst du nicht ernst. Was willst du denn mit der? Nick starrte mich fassungslos an. Die ist doch schon hundert, Alter.

Eben gerade hätte ich noch gewettet, dass die Hoffmann bei Nick zum Maximalausschlag führen würde, genau wie bei mir. Aber jetzt kapierte ich, dass Nick und ich in Punkto Frauen in komplett unterschiedlichen Frequenzbereichen funken. Petra Hoffmann und Nick, ebenso gut hätte ich versuchen können, meinem Vater zu erzählen, was Leidenschaft ist.

Ich legte meinen Arm um Nicks Schulter. Schon gut, Mann, sagte ich und lachte. In diesem Moment drehte sich die Hoffmann zu uns und schoss einen ihrer Blicke in meine Richtung. Und schon wieder bekam ich das Gefühl, dass Petra Hoffmann nur darauf wartete, dass ich zu ihr rüberkam.

Heute hat die Hoffmann schon wieder den Thujabaum umgepflanzt, hat meine Mutter gesagt und dabei erst kurz mich und dann meinen Vater angeschaut. Das ist schon das dritte Mal in diesem Sommer.

Wir saßen beim Abendessen. Mein Vater nickte, seine Interessensareale reagierten mit Schwachstrom. Thurek hat vier Wochen gebraucht, um sein Mofa sound- und geschwindigkeitsmäßig aufzufrisieren. Mein Vater hat jahrelang daran gearbeitet, seinen Emotions- und Leidenschaftshaushalt runterzufrisieren, immer weiter, Richtung absoluter Nullpunkt. Und jetzt kriecht er auf Schwachstromgeneratoren durch das Leben. Die Lebensflamme in ihm ist auf ein absolutes Minimum gestellt, keine Ahnung, ob den überhaupt noch irgendetwas interessiert.

Das ist doch Irrsinn, hat meine Mutter gesagt. Ich verstehe nicht, was bei der im Kopf vorgeht.

Mein Vater hat konzentriert auf seine Messerspitze geschaut, die sich mit gleichmäßiger Geschwindigkeit und im exakten 45°-Winkel in die Blutwurst bohrte. Eine perfekt portionierte Scheibe Wurst oder Käse abschneiden, ein Brötchen krümelminimal halbieren, ein Stück Butter fein säuberlich zerteilen: In jahrelanger Arbeit hat mein Vater jede einzelne dieser Bewegungen perfektioniert, immer wieder hat er die Argumente seiner Optimierungsfunktion verändert, die Ein- und Austrittswinkel, die Geschwindigkeit, die Schnittdicke, die Optimierung im mehrdimensionalen Raum ist ein komplexes Problem, aber was ist eigentlich der Wertebereich seiner Optimierungsfunktion, um was geht es ihm eigentlich in diesem verdammten Ameisenleben, das sollte ihn mal jemand fragen.

Jetzt sag doch auch einmal was, hat meine Mutter gesagt.

Was soll ich denn dazu sagen?, hat mein Vater gesagt.

Das ist doch die reinste Beschäftigungstherapie, hat meine Mutter gesagt. Die Hoffmann, die ist doch unzufrieden mit ihrem Leben.

Dieser Satz meiner Mutter befeuerte meine Phantasie. Und auf einmal war alles ganz klar. Die Hoffmann ist unzufrieden mit ihrem Leben. Die wartet doch nur auf ein Abenteuer. Die wartet doch nur auf jemanden, der sie aus diesem Ameisenleben befreit. Die wartet doch nur auf mich.

Immer wieder habe ich mir vorgestellt, wie das wäre. Ich klingele bei Hoffmanns, sie kommt gerade aus der Sauna, ihre Haare sind feucht, ihr Bademantel ist offen. Ich komme ihr langsam näher, unsere Körper berühren sich, kurz darauf liegen meine Hände auf ihren Brüsten. Oder: Ich stehe bei ihr am Gartenzaun, Petra Hoffmann liegt im weißen Bikini auf dem Holzliegestuhl. Sie schaut auf und lächelt. Sie winkt mich zu sich, sie fragt mich, ob ich ihr den Rücken eincremen könnte. Oder: Ich bin allein daheim, es klingelt, Petra Hoffmann steht vor der Tür. Ob wir noch Milch hätten? Ob ich nicht einmal im Keller nachsehen könnte? Oder, oder, oder, meine Phantasielappen zucken im immergleichen Hoffmannbeat, die Attraktoren dieser Klänge sind zwei lange Beine und ein weißer Bikini.

18

Raven. Für Nick, Natalie und mich heißt das Samstagnacht ins Boot, eine Pille Richtung Magen schicken und dann tanzen, bis der Saft nachlässt. Danach zu Natalie und chillen. Dabei macht das niemand so. Niemand, der wirklich dabei ist, geht Sonntagfrüh nach Hause. Kein Raver macht das. Sonntagfrüh, da legt man noch mal nach und macht weiter. Sonntagfrüh, da geht das Ravingwochenende erst richtig los. Zwei Monate nach unserem ersten Bootbesuch kapieren auch Natalie und ich das. Es ist Anfang Dezember. Es ist das erste Mal, dass wir das volle Wochenende mitmachen. Natalie und ich, wir schalten einen Gang nach oben.

Die Stroboskope blitzen, Nebel wird auf die Tanzfläche gepumpt, funkige Elektrobeats schwingen durch die Luft. House, hat Natalie letztens gesagt, das ist High-Tech-Soul. *I am, you see, I am the creator, and this is my house. And in my house there is only house music.* Meine rechte Hand macht wellenförmige Bewegungen zu den Klängen, das elektrische Feld des DJs regt mich an, meine Bewegungslappen funken Richtung Beine, aufstehen, bewegen, tanzen, aber ich kann nicht mehr. Es ist Sonntagmorgen, Natalie und ich sind im Boot, ohne Nick, mal wieder, seit Anke diesen Antidrogenfilm schiebt, war der nicht mehr dabei. Aber wir sind hier, wie immer, seit meinem ersten Mal Boot bin ich jeden Samstag hier, und auch diesen Samstag haben wir die ganze Nacht vibriert. Jetzt ist der Saft raus. Wir sitzen an der Bar neben der Tanzfläche und rauchen, wir saugen noch etwas Partyluft ein, bevor wir losziehen, unsere Oberkörper wippen zum Beat.

Plötzlich steht der Typ von vorhin neben uns, der ist klein und stämmig, der zuckt mit seinem Oberkörper wild zum Sound, dabei bewegen sich seine schwarzen Locken seitlich am Kinn entlang. Der ist monstermäßig aufgeladen.

Hey, sagt er und grinst breit, dabei bewegen sich seine Kiefer, als ob er sich gerade drei Kaugummis gleichzeitig reingeschoben hätte.

John, sagt Natalie und zündet sich eine Zigarette an. Jetzt erinnere ich mich, na klar, John, so heißt der, der hat uns vorhin in der Lounge angequatscht, der kommt auch aus Erlangen, und irgendwoher kennt Natalie den.

Korrekte Party, was, sagt John, sein rechter Arm hackt dabei den Beat in die Luft, dazu das Kauen und das Zappeln, der Typ vibriert auf dem höchsten Energieniveau.

Bock auf Limes, fragt er und rotiert dabei den Kopf von Natalie zu mir und zurück.

Wir sind am Aufbruch, sagt Natalie.

Was, sagt John, und ist dabei stromschlagmäßig am Zucken. Ihr könnt doch jetzt noch nicht gehen, sagt er dann und grinst, das Wochenende fängt doch gerade erst an. John stiert uns an wie noch einmal was, wenn der so weitermacht, dann machen dem seine Linsen gleich den Abflug. Auf einmal schnalle ich, dass John viel älter ist als Natalie, der ist sicher schon dreißig oder so. John stiert weiter auf Natalie, dann schiebt er seinen Schädel ruckartig an ihr Ohr und sagt etwas. Natalie lacht, John nickt zweimal heftig, dann steht er auf und bewegt sich an der Bar entlang zur Eisentreppe.

John gibt uns eine Nase aus, sagt Natalie.

Alles klar, sage ich, obwohl ich null Ahnung habe, um was es hier geht.

Wir stehen zu dritt in einer Kabine der Männertoilette. Natalie ist einfach reingelaufen, als ob nichts wäre, sowieso hat das niemanden hier interessiert. John ist jetzt ganz ruhig und hat aufgehört zu zappeln. In der einen Hand hält er eine Plastikkarte, in der anderen ein aufgeklapptes Papiertütchen, eben noch war das fein säuberlich als Minibriefumschlag gefaltet, jetzt hat er es aufgeklappt, und ich sehe den Inhalt: Eine quadratische Schicht weißes, fest gepresstes Pulver.

Der Typ legt auf wie ein Stier, Mann, sagt irgendjemand vor der Kabine. Ich gehe ab wie ein Stier, eine zweite Stimme. Die beiden lachen. Kurz darauf klopft jemand an die Kabine.

Hey, ihr da, treibt es nicht so wild da drinnen, das ist die erste Stimme, dann wieder ein Lachen.

Johns Empfangsmasten sind ausgeschaltet, der reagiert genau null Komma null. John nimmt die Karte und hebt weißes Pulver vom Papiertütchen auf den Spülkasten. Mit schnellen Bewegungen der Karte verteilt er das so, dass drei langgezogene, weiße Linien entstehen. Dann hebt er seinen Kopf und grinst, ich bin tierisch aufgeregt.

John faltet das Papiertütchen wieder zusammen und leckt die Karte ab. Dann zieht er einen Schein aus seinem Geldbeutel und rollt den zu einem dünnen Röhrchen.

John beugt sich über den Spülkasten, schiebt den gerollten Schein in eines seiner Nasenlöcher, drückt mit einem Finger auf den freien Nasenflügel und bewegt sich dann staubsaugermäßig über den Spülkasten. Als John wieder aufschaut, ist eine der drei Linien verschwunden. John drückt weiter mit dem Finger auf den einen Nasenflügel und schnieft dabei heftig.

Korrekter Pep, flüstert er dann und nickt dabei mehrmals mit dem Kopf. Dann hält er mir den gerollten Schein hin und grinst. Natalie wippt zur Musik und lacht. Ich nehme den Schein, beuge mich nach unten und ziehe. Das weiße Pulver schießt mir durch die Nase und erzeugt ein kaltes, stechendes Gefühl. Dann ist der komplette Nasenflügel taub. John ist immer noch am Schniefen, ich schiebe den Schein zu Natalie. In dem Moment komme ich mir vor, als ob ich das schon tausend Mal gemacht hätte.

Als wir nach unten laufen, bewegt sich meine Energienadel in den vierstelligen Bereich. Es ist, als ob ich dabei zusehen könnte, wie die Energie durch meine Knochen knallt, wie sich der Nebel in meiner Birne auflöst. Wir schieben uns an die Bar neben der Tanzfläche, Natalie bestellt eine Runde Limes, John fingert die ganze Zeit an seiner Nase herum und schnieft, und ich, ich bin am Explodieren vor Freude. Es ist Sonntagmorgen, wir haben die ganze Nacht getanzt, und die Party hier ist immer noch voll am Laufen. Natalie drückt John einen Limes in die Hand, ist doch klar, Mann, der hat uns ja gerade eine Runde Speed ausgegeben. Mein erstes Mal Speed. John lacht und ist schon wieder am Rotieren. Die Glücks- und Energiewellen, die durch meine Leitungen rauschen, werden immer größer. Ich lege die Hand auf

Johns Rücken und halte ihm meine Faust mit nach oben ausgestrecktem Daumen vor das Gesicht. John grinst und zuckt zum Beat, dann setzt er an und weg ist sein Limes. Er wischt sich mit dem Handrücken über den Mund, dann ist er auf der Tanzfläche.

An diesem Sonntag tanze ich so lange wie noch nie zuvor. *You see, house is a feeling that no one can understand really unless you're deep into the vibe of house.* In Faitach stehen meine Eltern vom Frühstückstisch auf. Meine Mutter läuft zum Telefon und wählt die Nummer ihrer Schwester. Mein Vater setzt sich in seinen Sessel und schlägt den Lokalteil der Erlanger Nachrichten auf. *Der Gemeinderat in Hufenreuth hat mit einer 6:5 Mehrheit beschlossen, den Bau der Tankstelle am Ortseingang zu genehmigen.* Mein Vater nickt zufrieden mit dem Kopf. Wir tanzen. Es ist Mittagszeit, meine Mutter steht in der Küche am Herd und schmeckt die Gemüsesuppe ab. Wir tanzen und tanzen. Meine Eltern gehen spazieren, am Wochenende gehen meine Eltern immer spazieren, wie alle bei uns in der Straße, wie alle in Faitach, der Spaziergang am Sonntag, das ist das Ameisenhoheritual. Natalie und ich gleiten mit weichen Bewegungen über die Planken des Boots, da drüben hackt ein lachender John durch den Raum, der DJ steht jetzt mit nacktem Oberkörper am Pult, das ganze Boot ist am Oszillieren, wir sind erfüllt von den Klängen der Musik, wir gleiten schlangenartig durch den Nebel, wir zucken zu den Beats. *House is an uncontrollable desire to jack your body. And, as I told you before, this is our house and our house music.* Wir tanzen die ganze Nacht, wir tanzen den ganzen Tag, wir wollen nie wieder aufhören zu tanzen. Wir sind Raver.

Das Licht geht an. Johlen und Pfeifen auf der Tanzfläche, ich tanze weiter, alle tanzen weiter, das Licht ist uns egal, wir wollen tanzen, wir wollen immer weiter tanzen. Dann geht die Musik aus. Das Johlen und Pfeifen wird lauter, wir wollen nicht aufhören, wir können nicht aufhören, alles um uns herum schwingt, jedes Luftmolekül vibriert im Viervierteltakt. Ich zünde mir eine frische Zigarette an und schaue zu Natalie, die bewegt sich ein paar Meter entfernt von mir, mit geschlossenen Augen.

Noch einen, ruft jemand von der Tanzfläche.

Yeah, ruft ein zweiter. Rrrrrrr, ein dritter.

Dann kommt wieder Sound aus den Boxen, und ich weiß sofort, was Sache ist. Alle wissen sofort, was Sache ist. *Higher State of Consciousness.* Wir jubeln und johlen, wir heben die Arme und lassen sie kreisen, ein Zauberhut fliegt durch die Luft. Dann saugen wir den Track auf. Ich spüre die Musik, jeder einzelne Klang durchströmt meinen Körper und bringt ihn zum Vibrieren, das ist ein gewaltiger Track. Am Anfang ist der Sound zurückhaltend und sanft. Ich bewege mich langsam und gleitend, alle bewegen sich langsam und gleitend, wir sind Federn auf der Tanzfläche, wir sind aus Gummi, alles ist leicht und rund. Wir wissen, dass das erst der Anfang ist. Wir wissen, wohin die Reise geht. Jeder von uns weiß das. *Higher State of Consciousness*, das ist eine Lawine, mit einem selber mitten darin. *Higher State of Consciousness*, das ist eine technoide Kettenreaktion. Der Sound gibt immer mehr Druck, ich schwinge immer heftiger, wir sind jetzt vielleicht noch zwanzig oder dreißig, die hier tanzen, wir lachen uns zu, die Klänge funken durch unsere Köper, wir zucken über die Tanzfläche. Es ist Sonntagnachmittag, da draußen geht bald die Sonne unter, die Faitacher Ameisen sitzen in ihren Sesseln und essen Kuchen und trinken Tee, und ich, ich bin hier, auf dem Boot, am Raven. Ich schließe die Augen und lasse mich treiben.

Nach dem Track ist Schluss. Natalie und ich stehen wippend auf der Tanzfläche, die Raverkonzentration ist am Abnehmen hier, der DJ läuft mit seinem silbernen Koffer an uns vorbei zur Eisentreppe. Ich schiebe mir eine Zigarette in den Mund, in meinem Cockpit werden Landevorbereitungen getroffen. Plötzlich steht John mit irgendeinem Typen neben uns. Den habe ich heute Nacht schon einmal gesehen, da ist der mit nacktem Oberkörper wild stampfend über die Tanzfläche rotiert. Und auch jetzt ist der noch voll am Zucken, obwohl die überhaupt keine Musik mehr spielen, der ist noch voll drauf, Mann. Der Typ ist mein Alter, hat einen Körper wie ein Bär, krass behaart und rundes Gesicht. Und groß ist er. Der ist mir sofort sympathisch.

Wir fahren in die Villa vom Sascha, sagt John, zum Chillen.

Villa?, fragt Natalie.

Yeah, sagt Sascha und grinst breit, die Hütte von meinen Alten. Ich habe sturmfreie Bude, wird fett geil, er wackelt heftig mit dem Kopf. Und dann ziehen wir ins Belly.

Natalie und ich schauen uns an, und irgendwie checken die gleich, dass wir keine Ahnung haben, wovon die reden.

Ihr kennt das Belly nicht?, fragt Sascha ungläubig, seine Kiefer sind zwei große Mühlsteine. Was macht ihr denn nach dem Boot?

Bevor ich irgendetwas sagen kann, schwingt mir die nächste Schallwellenfront entgegen.

Sonntags ist Afterhour im Belly Cloud, sagt John. Da geht korrekt die Post ab. Das darf man nicht verpassen, John macht jetzt einige starkstrommäßige Bewegungen mit der rechten Hand.

Ich weiß nicht, sagt Natalie und sieht auf ihre Uhr. Wir sind schon seit gestern unterwegs.

Seit gestern, wiederholt John. Wisst ihr, wie lange wir schon auf der Piste sind? John dreht sich zu Sascha, dann macht er einige tänzelnde Bewegungen vor uns. Seit Freitag.

Yeah, sagt Sascha und grinst und wippt dabei mit dem ganzen Oberkörper.

Seit Freitag, wiederholt John. Und jetzt fängt die Feierei erst richtig an. Vor Montag sieht uns keine Matratze. Also, sagt er und schiebt sich zwischen Natalie und mich, dann legt er seine Arme über unsere Schultern, lasst uns losziehen.

Wir sind draußen und bewegen uns Richtung Parkplatz. Es ist grau und kalt, ich bin eine fünf Zentner schwere eingerostete Tanzmaschine. John ist immer noch voll geladen, der schießt eine Schallwelle nach der anderen durch die Gegend, der ist die ganze Zeit am Wippen und raucht. Auf halbem Weg zum Parkplatz kommt uns ein Viererameisengrüppchen entgegen mit Kinderwagen für den Ameisennachwuchs, und irgendwie glotzen die uns an, als ob wir hier im Zoo wären. John bleibt ruckartig stehen, dann feuert er denen mit maximalmonotoner Stimme ein paar abgehackte Schallwellenhügel entgegen: *tech-no – mu-sic – tech-no – mu-sic* – John feuert immer weiter, seine Arme sind angewinkelt, seine Zeigefinger zeigen zum Himmel, *tech-no – mu-sic – tech-no – mu-sic*, acht

Insektenaugen glotzen auf John, der hört nicht auf, krasse Nummer, Mann, der ist auf dieser Rille hängengeblieben. Dann treten die mit voller Kraft aufs Gas. John schaut ihnen hinterher, seine Stimme wird immer lauter: *tech-no – mu-sic – tech-no – mu-sic – tech-no – mu-sic*, dann lacht er laut los.

Was für Spießer, sagt er, verzieht dabei sein Gesicht und spuckt auf den Boden.

Auf dem Parkplatz ist nicht mehr viel los, von irgendwo ist housiger Sound zu hören, alles ist am Runterschwingen.

Ich stehe da hinten, sagt Natalie und deutet nach rechts. Dann dreht sie sich zu Sascha. Ich fahre noch einmal kurz daheim vorbei, mich frisch machen.

Sascha fängt an, Natalie zu erklären, wie sie zu ihm kommt, da schiebt sich John direkt vor mich.

Du kommst gleich mit uns, oder?, fragt er.

Ich schaue zu Natalie, die lacht mir zu, mir ist kalt.

Ich hänge auf dem Rücksitz eines kantigen, braunen Volvos, das ist Saschas Karre, keine Ahnung, wie der sich dieses Riesenteil leisten kann. Sascha sitzt auf dem Fahrersitz und zündet sich eine Zigarette an, dann kramt er in der Ablage zwischen den Sitzen, da liegen Tapes und Zigarettenschachteln und alles Mögliche herum. Kurz darauf vibrieren langgezogene, blubbernde Klänge durch das Auto, Sascha nickt zufrieden und dreht lauter.

War das 'ne geile Party, sagt Sascha und startet das Auto.

Korrekt, sagt John, grinst und fingert an der Heizung herum.

Ich bin im Entladungsmodus. Ich lehne mich zurück

und schließe die Augen. Mein Wohlfühlbarometer ist im tiefgrünen Bereich, auch wenn ich die beiden da vorne eigentlich gar nicht kenne, auch wenn mein Körper energetisch gerade Richtung Nullpunkt schwebt. Ich weiß, dass ich in einem Auto sitze, ich weiß, dass da vorne John und Sascha sitzen, und trotzdem bin ich jetzt in einer anderen Welt. Ich liege entspannt auf einem Teppich und schwebe zehntausend Meter über dem Boden, weiche Synthesizerflächen umhüllen mich, mir ist wohlig warm. Ich höre eine Stimme, das ist Sascha, oder John, ich weiß es nicht, ist auch egal. Farbige Wellenbänder tauchen vor meinen Augen auf und fließen ineinander, größer werdende Kreise bewegen sich pulsierend an mir vorbei. Ich bin in der Welt der Klänge und der Farben, ich fühle mich gut, ich fühle mich unglaublich gut.

Was ist das? Irgendwas kriecht da auf meiner Oberlippe, Mann. Ich schüttle den Kopf, aber es geht nicht weg, dann rieche ich das Gras und öffne die Augen. Ein dünner Rauchstrahl strömt gleichmäßig auf mich ein, hinter dem Rauch taucht ein grinsendes Gesicht auf – Petra Hoffmann, wo ist eigentlich Petra Hoffmann? – dann funkt es durch meinen Erkenntnislappen, ich bin bei Sascha im Auto, und das Grinsen, das ist John, der hat sich nach hinten gedreht und bläst mir den Rauch ins Gesicht. Ich muss husten.

Was soll das, Mann, sage ich und drehe den Kopf zur Seite, und in dem Moment hält mir John lachend die Tüte hin.

Zur Entspannung, sagt er, sein Kopf wackelt zum Beat.

Ich übernehme und ziehe. Das ist pures Gras, Mann. Ich schaue zu Sascha, sein Kopf zuckt, sein ganzer Oberkörper ist am Schwingen, seine Hände klopfen auf das

Lenkrad. Der ist hellwach, Mann, unglaublich, was der für eine Energie hat. Ich nehme noch einen Zug und huste, verdammt ist das intensiv. Ich schaue aus dem Fenster, wir sind auf der Autobahn, natürlich, wir fahren nach Erlangen, wir fahren zu Sascha, chillen. Oder stehen wir und es bewegt sich alles andere um uns herum? Ein Körper bewegt sich mit gleichförmiger Geschwindigkeit relativ zu einem anderen Körper. Einer dieser beiden Körper steht still. Für einen Beobachter, der mit einem dieser Körper verbunden ist, ist es unmöglich zu sagen, welcher der beiden Körper sich bewegt und welcher still steht. Das ist Einstein, Mann. Mein Blick klebt auf den Leitplanken, eine nach der anderen schießt da an uns vorbei, und plötzlich schnalle ich, dass wir stehen. Ich weiß es, ich bin da ganz sicher, da kann mir der Einstein erzählen, was er will. Ich will meine Faust heben und zum Himmel schütteln, aber in diesem Moment beginnt sich die weißgraue Masse in meinem Schädel zu drehen. Oder dreht sich mein Schädel um die weiß-graue Masse, wie ist das jetzt, wer ist eigentlich der Beobachter hier? Da kapiere ich, dass die Tüte immer noch zwischen meinen Fingern hängt, warum bewegen sich denn die Leitplanken, die sollten doch still stehen, Leitplanken bewegen sich doch nicht. Ich muss das Teil jetzt unbedingt loswerden, alles rotiert, in mir und um mich herum. Ich schiebe den Arm mit der Tüte nach vorne, zwischen Sascha und John.

Na endlich, sagt Sascha und übernimmt, seine Stimme ist weit entfernt, ich fahre Karussell. Ich schaue nach draußen, zu den Bäumen, die bewegen sich jetzt auch, genau wie die Leitplanken, was geht denn hier ab, da spüre ich eine Hand auf meinem Knie, das ist John, der hat sich nach hinten gedreht.

Hey Fred, sagt er, sein Kopf zuckt zum Beat, alles klar bei dir?

Ich sehe John, ich höre John, aber ich kann nichts sagen. In meinem Kopf dreht sich alles, meine Augenlider klappen nach unten, und dann bin ich weg.

Als die nächsten Signale durch meine Sehnerven feuern, sind wir dabei, auf einen Rastplatz aufzufahren. Es regnet. Wir bleiben neben einem grünen Kastenwagen stehen, Sascha regelt die Musik runter. Ich will fragen, was jetzt geht, was der Plan ist, ich beginne die Worte in meinen Sprachlappen zusammenzufügen, aber irgendwie schaffe ich das nicht.

John fummelt am Handschuhfach herum.

Ist da jemand drinnen, fragt Sascha und nickt zum Kastenwagen.

John schüttelt den Kopf.

Kurz darauf hält mir John einen dicken Autoatlas hin. Ich schaue auf das Teil und weiß nicht, was das soll. Dann klickt es bei mir, und ich checke, dass da drei fette Lines aufgezogen sind.

Fred, sagt John und grinst breit, danach bist du wieder korrekt auf dem Dampfer. Er hält mir ein blaues Plastikröhrchen hin.

Yeah, sagt Sascha. Meine Pupillen schwenken zu John und dann zu den drei Lines, ich empfange alles verschwommen. Ich kann nicht mehr. Die letzte Tüte war zu viel. Alles dreht sich. Wo ist eigentlich Natalie?

Hey Fred, sagt John, und wackelt mit dem Röhrchen vor meinen Augen. Ich übernehme und ziehe. Das weiße Pulver strömt durch meine Nase, das ist das gleiche Zeug wie vorhin, das ist Speed, das fühlt sich gut an.

Korrekt, sagt John und wippt mit dem Kopf. Dann dreht er sich zu Sascha und hält ihm den Atlas hin. Meine Nase ist taub, ein kaltes, schleimiges Gefühl durchzieht meine Kehle. Sascha nimmt das Röhrchen, setzt an und zieht. Sein Oberkörper zuckt stromstoßmäßig, dann lehnt er sich zurück und lächelt. Meine Lider werden leichter, das Drehmoment in meinem Schädel nimmt ab. Ich spüre, wie die Energie in meinen Körper zurückkommt. Ich schaue nach rechts, zu dem grünen Kastenwagen neben uns, keine Ahnung warum. Hinter dem Steuer sitzt ein älterer Mann, als sich unsere Blicke treffen, wendet der sich schnell ab.

Da sitzt einer, sage ich.

Was?, fragt Sascha erschrocken und dreht sich ruckartig zu mir. Dann schiebt er seinen Kopf an John vorbei in Richtung des Wagens.

Scheiße, sagt Sascha, da ist wirklich einer.

Ich bin hellwach. Alles an mir fühlt sich leicht und klar an.

Mach dich locker, sagt John. Dann nimmt er das Röhrchen vom Atlas, setzt an und zieht die letzte Line weg.

Sascha sitzt wie eingefroren da und starrt John mit großen Augen an. Dann deutet er mit einer langsamen Bewegung zu dem Wagen.

Da sitzt jemand, sagt er.

Na und, sagt John und leckt mit der Zunge über den Atlas. Das ist doch shit-egal. Lass losfahren.

Sascha ist ganz blass und schüttelt mehrmals den Kopf. Dann startet er den Motor. Ich schaue nach hinten, aber der Wagen bleibt auf dem Parkplatz stehen. Als wir auf die Autobahn auffahren, regelt John die Musik nach oben. Der Sound packt mich sofort. Wie der Typ in dem Wagen geglotzt hat. Wahrscheinlich hat der noch nie jemanden eine Nase ziehen sehen. Wahrscheinlich hatte der überhaupt keine Ahnung, was da geht. Shit-egal, denke ich mir dann und grinse. Das ist doch alles shit-egal, Mann. Ich bin hellwach, in meiner Schaltzentrale feuern die Signale mit Lichtgeschwindigkeit. Ich schaue raus, die Bäume und die Leitplanken ziehen an uns vorbei, für einen Moment bekomme ich Lust, die Teile zu zählen. John schiebt ein neues Tape rein, der Sound ist jetzt weniger spacig, das hier hat mehr Energie, das sind pumpende und peitschende Beats, mein Körper fängt an zu oszillieren. Ich zünde mir eine Zigarette an. Die Klangwolken hämmern durch das Auto, ich ziehe den Rauch tief ein, ich fühle mich gut, ich fühle mich tierisch gut.

Wir fahren von der Autobahn ab, ich zucke und wippe, der Sound turnt mich mächtig an, dann bin ich wieder im Boot, wie ich heute Nacht abgegangen bin, was für eine 1-A Party das war. Ein warmes Glücksgefühl durchströmt mich. Keine Ahnung, wie sich Nick das entgehen lassen kann, der mutiert noch zur Ameise, wenn der so weitermacht. Wir kommen an den Martin-Luther-Platz, es ist dunkel da draußen, alles ist ausgestorben und ohne Energie. Nicht viel besser als in Faitach, an einem Sonntagnachmittag. Wenn ich da rausschaue, überkommt mich ein Gefühl von unendlicher Langeweile und Leblosigkeit. Aber was soll's, Mann, was kümmert mich das, ich bin auf Hochfrequenz getaktet, ich vibriere auf einer Monsterfeierwelle, was kümmern mich die anderen, die sollen ihr Leben doch verbringen, wie sie wollen. Ich bin am Sprudeln. Sascha biegt links ab, und plötzlich checke ich, wo wir sind.

Mann, sage ich, du wohnst auf dem Burgberg, oder was?

Sascha grinst und zündet sich eine Zigarette an. Jetzt schnalle ich auch, wie der zu dieser Karre kommt. Der Burgberg, das ist die Luxusgegend in Erlangen, hier stehen die fettesten Villen, hier wohnen Typen, die zehnmal so viel Geld haben wie der ganze Insektenhaufen im Dr. Ritterweg zusammen. Zum Beispiel der Superheld von meinem Vater, die kaiserlich-königliche Oberameise von Pierer. Unser Vorstandsvorsitzender, sagt mein Vater immer, und dabei ist sein ganzer Ameisenkörper vor Ehrfurcht am Zittern. Persönlich kennt der den natürlich nicht. Aber irgendwann, vor zwei Jahren oder so, da sind die beiden einmal zusammen im Aufzug gefahren. Und diese dreißig Sekunden haben meinen Vater in den Rausch seines Lebens gekickt.

Das Haus von Saschas Eltern ist ein fetter Kasten. Im Erdgeschoss ein riesiges Wohnzimmer, auf dem Boden dicke Teppiche, die Wände vollgepackt mit Büchern, so viele Bücher habe ich noch nie gesehen und dann eine ganze Wand voller CDs und Schallplatten. Überall hängen Gemälde. Und dann die Küche, die ist mindestens dreimal so groß wie die meiner Eltern, alles sieht wie neu aus hier, überall blitzt und blinkt es.

Der zweite Stock ist komplett für Sascha, da hat er seine eigene Wohnung, ein kleines Zimmer zum Pennen und dann ein großes und dann auch noch ein eigenes Bad.

Richtig fett, Mann, sage ich.

Korrekt zum Chillen, sagt John, wir sind im großen Zimmer, John deutet in eine der Ecken, dort sind Kissen zu einer Sitzecke gestapelt. Er läuft zur Anlage, ich sehe die Boxen und weiß, was hier gleich geht.

Ich hänge auf den Kissen ab, auf dem Tisch vor mir steht eine dieser Lavalampen. Ich schiebe mir eine frische Zigarette zwischen die Lippen, John regelt die Musik nach oben, die Boxen treiben die Bässe durch den Raum.

Geile Musik, was, John schreit fast und grinst.

Ja, Mann, rufe ich zurück und lehne mich gegen die Wand. Johns Bewegungen werden schneller, er gleitet in die Mitte des Raumes. Ich fühle mich verdammt wohl hier.

Dann steht Sascha an der Tür, mit einem Tablett in der Hand und Sachen zum Futtern darauf. Yeah, ruft Sascha. Ist das das Loveparade-Tape?

John reagiert nicht, der ist in die Musik versunken, seine Arme hacken robotermäßig den Beat in die Luft.

Wir hängen auf den Kissen ab, John dreht eine Tüte, Sascha belegt Toastscheiben mit Käse und Wurst, dann hält er mir so ein Teil vor den Schirm.

Ich habe echt keinen Hunger, Mann, sage ich und schüttle den Kopf.

Hunger ist nicht der Punkt, sagt Sascha, und hält mir das Teil immer noch hin. Wenn du vor dem Belly nichts isst, brichst du später komplett weg.

John feuchtet das Papier mit der Zunge an und nickt zustimmend.

Ich starre auf das Teil vor mir, dann checke ich, was Sache ist. Wir brauchen Energie, wir müssen diese Dinger jetzt in ihre Einzelteile zerlegen, jedes einzelne Molekül müssen wir spalten und in uns aufnehmen, das ist doch klar, Mann. Kurz darauf sind wir auf einem 1-A Fressfilm.

John und Sascha zocken Backgammon, meine Gehörknöchelchen flattern auf Trance, das alles ist Vollentspannung für meinen Neuronenhaufen, ich könnte ewig so abhängen. Ich klebe auf einem der Kissen, in regelmäßigen Abständen drehe ich eine Tüte und halte das Teil in die Runde. Petra Hoffmann liegt in der Sauna, John ist am Rauswürfeln, was wohl im Belly Cloud geht, später, was ist das für ein Laden, mein Vater schiebt sich ein Stück Streuselkuchen zwischen die Ameisenkiefer. Und wo bleibt Natalie, die sollte doch schon lange hier sein, ist die in einem Energieminimum steckengeblieben, oder was?

Jetzt mit Einsatz, sagt John und schiebt dabei die letzten beiden Steine in Aufstellung.

Geht klar, sagt Sascha.

Das Erste um Zwanzig, dann doppelt oder nichts, sagt John und hat schon wieder die Würfel in der Hand.

Sascha nickt. Drei Spiele später ist er mit 80 Mark im Minus. Ich drehe eine Tüte und gehe auf Tauchgang.

640 Mark, sagt John und zieht dabei seinen letzten Stein raus.

Das schickt mich total, sagt Sascha.

Es dauert einige Sekunden bis ich checke, was hier geht: Sascha ist mit 640 Mark im Minus, seine Hand ist am Zittern, auf einmal tut er mir tierisch leid.

John sieht aus, als ob er gleich loslachen würde vor Freude.

Letztes Spiel, sagt er dann.

Sascha dreht sich ruckartig zu John, der ist ja kurz vorm Losflennen, Mann, was soll das, was ziehen die hier gerade ab, mein Stimmungsbarometer geht auf Sturzflug.

Sascha steht auf und läuft raus.

Was geht denn jetzt?, frage ich John.

Nach dem nächsten Spiel ist Schluss, sagt er.

Und du willst Sascha 1200 Mark abknöpfen, wenn du jetzt gewinnst?, frage ich.

1280, sagt John und grinst dabei so breit, als ob Mische und er die gleichen Großeltern hätten.

Über 1000 Mark, Mann, sage ich, das kannst du doch nicht bringen. Meine Warnsignale pumpen auf Hochtouren, John hängt vollentspannt auf den Kissen und bläst Ringe in die Luft.

Entweder spielen wir mit Einsatz oder nicht, sagt John und zuckt mit den Schultern, so einfach ist das. Dann dreht er sich zum Brett und beginnt, die Steine in die Startaufstellung zu schieben.

Da läuft Sascha wieder ein, der sieht immer noch aus, als ob er gleich losflennen würde. Sascha setzt sich, zündet sich eine Zigarette an und nimmt die Würfel. Zweier-Pasch. Ich drehe eine Tüte. Keine Ahnung, wie das hier weitergehen soll, wenn Sascha jetzt verliert.

Das Spiel ist ausgeglichen, meine Beurteilungsareale können keinen Vorteil erkennen, die Tüte kreist mit konstantem Drehmoment durch die Runde, Zug um Zug arbeiten die beiden sich nach vorne, ich schaue gebannt auf das Brett. Plötzlich ist mir John krass unsympathisch, das ist doch der Oberabturner, Mann, so etwas macht man nicht mit Freunden. Dann sind die beiden am Rausziehen, ich übernehme die Tüte von Sascha, die Spielsteinkonzentration nimmt ab, das Ganze ist verdammt knapp, dann hat Sascha einen Fünfer-Pasch, und kurz darauf hat er keinen Stein mehr auf dem Brett.

Yeah, Sascha ballt die Hand zu einer Faust und lacht laut auf. John stiert für einige Sekunden auf das Brett. Dann schaut er auf.

Glück gehabt, sagt er und zündet sich eine Zigarette an. Verdammtes Glück hast du gehabt.

Wir stehen unten an der Tür, wir wollen los, ins Belly Cloud, wir sind voll in Aufbruchsstimmung. Eben haben wir uns jeder noch eine dicke Nase Speed durch die Flügel rieseln lassen, jetzt drehen unsere Motoren auf Hochtouren. Sascha ist heftig am Zucken, als ob hier ein knallharter Beat herumschwirren würde.

Auf einmal geht die Klingel, unsere Bewegungsmoleküle schwappen in den Gefrierbereich, Saschas Schädel rotiert hektisch zwischen John und mir, seine Linsen sind auf XXL eingestellt.

Deine Alten kommen doch erst morgen wieder?, flüstert John, aber noch bevor der etwas sagen kann, hören wir eine Stimme von draußen. Die Stimme kenne ich doch, na klar, das ist Natalie, eine Glückswelle durchströmt mich, Natalie, die hatte ich ja total vergessen, Mann, die wollte ja schon vor Ewigkeiten hier einlaufen.

John macht die Tür auf.

Wir dachten, du kommst gar nicht mehr, sagt Sascha und lacht laut los. Wir wollten gerade losziehen, sagt er dann, dazu hämmert er mit seinen Armen in die Luft. Mann, ist der aufgepumpt. Mann, sind wir alle aufgepumpt. Das Zeug, das wir uns da eben haben reinlaufen lassen, ist der Ultrahochfrequenztreibstoff.

Ich bin total weggepennt, sagt Natalie, und da sehe ich, wie müde die aussieht.

Lass losziehen, sagt John.

Sagt mal, sagt Natalie, habt ihr noch Speed? Ich –

Kein Ding, unterbricht Sascha sie und grinst breit, überhaupt kein Ding, na klar, haben wir noch was, wir haben noch mehr als genug. Dann rotiert er zu John und zu mir.

Wir können auch eine gebrauchen, was?, fragt er lachend.

Wir sitzen am Küchentisch. Vor uns auf einem hölzernen Küchenbrett sind vier dicke Lines aufgezogen. Die Uhr an der Wand zeigt 19:32, ich habe seit Samstag nicht geschlafen, aber das ist egal, das ist shit-egal, das Zeug hier ist der Hammer, und ich bin monstermäßig drauf. Kurz darauf sitzen wir wieder in Saschas braunem Volvo, unser Beschleunigungsvektor zeigt nach Nürnberg, Richtung Belly Cloud. Es ist dunkel draußen, spaciger Acidsound knallt durch das Auto, alles in mir vibriert, das hat tierische Energie, das passt 1-A zu meinem Stimmungsbarometer, das turnt mich verdammt an. Als John eine Tüte nach hinten hält, taucht das Wort Physik-Leistungskurs in meinen Bewusstseinslappen auf, was soll das, warum feuert das jetzt durch meine Schaltzentrale, auflösen, befehle ich, sofort auflösen. Ich übernehme und pumpe den Rauch in meine Lunge, das tut gut, unendlich gut tut das, ich könnte das Teil jetzt komplett alleine wegziehen. Der Physik-Leistungskurs ist immer noch da.

Hey Sascha, sage ich dann, wie läuft das eigentlich morgen früh, Mann? Saschas Oberkörper ist am Zucken, seine Hände klopfen wie wild aufs Lenkrad, der ist voll aufgepumpt, dem seine Nadeln flackern im hellroten Bereich, genau wie bei mir. Auch Natalie ist jetzt wieder voll da, ihre Akkus sind frisch geladen, das sieht man sofort. Ich schaue auf ihre rotgeschminkten Lippen, dann taucht da Petra Hoffmann auf – Petra Hoffmann und ich, wir sind in ihrer Sauna, im Keller des Dr. Ritterweg 5. Petra Hoffmann liegt ausgestreckt auf dem hellbraunen Holz, ihre

Augen hat sie geschlossen. Ich stehe neben ihr und taste sie mit meinen Blicken ab, ihr Körper ist ölig feucht, ich könnte sie stundenlang so ansehen, das ist das Schönste, was es gibt. Ich strecke meine Hand aus und berühre ihre Brust.

Was meinst du?, fragt Sascha.

Ich zucke zusammen, was will der von mir, ich habe null Ahnung, wovon Sascha spricht, und das interessiert mich auch nicht, ich will zurück in die Sauna, ich will zurück zu Petra Hoffmann.

Was soll morgen früh sein?, fragt Sascha.

Ich tauche auf.

Mit der Schule, Mann, sage ich, du musst doch auch in die Schule, oder?

Schule, wiederholt Sascha und lacht, jetzt ist erst einmal Party angesagt.

Korrekt, sagt John und übernimmt die Tüte von Natalie.

Außerdem passt das perfekt, sagt Sascha. Das Belly macht um sechs zu, er hackt mit der rechten Hand durch die Luft, bis sieben sind wir locker in Erlangen, dann machen wir uns frisch und fliegen in die Erste. Wir müssen nur aufpassen, dass wir genügend Pep übrig haben, er grinst breit.

Pep, so wie Sascha das sagt, klingt das monstercool, und plötzlich kapiere ich, wie lässig und antiameisenmäßig das alles ist. Wir pennen einfach gar nicht, wir feiern durch, wir vibrieren von Samstagabend bis Montagfrüh, zwei Nächte Raving und dann direkt in den Physik-Leistungskurs.

Wollt ihr noch euren Stundenplan vergleichen?, fragt John, für einen Moment rutschen meine John-Sympathienadeln auf ein Globalminimum. Aber eigentlich hat er recht, Mann, was soll das, keine Ahnung, wie ich jetzt auf Schule komme, wir sind doch noch voll am Raven, es ist doch erst Sonntagabend.

Wir laufen ein paar Meter durch das Dunkel, dann höre ich den flirrenden Sound, dann sehe ich die kurze Schlange. Wir sind da. Das ist das Belly Cloud. Vor einer silbernen Eisentür stehen zwei kräftige Typen mit kurzgeschorenen Haaren und Bomberjacken, die nicken uns zu, als ob wir schon hundert Mal hier gewesen wären.

Wir kommen durch einen schmalen Gang, wir geben unsere Jacken an der Garderobe ab, dann stehen wir in einem Raum mit einer langgezogenen Bar. Fließende sphärische Klänge schwingen uns entgegen, der Bar gegenüber stehen Sofas und Sessel, dieser Raum hier hat die gleichen Stoffeigenschaften wie die Lounge im Boot, hier ist alles auf Entspannung und Aufladen gepolt. Wir laufen zur Bar, John ist verschwunden, keine Ahnung, wo der hin ist, Sascha bestellt eine Runde Limes und dann noch eine, wir rauchen. Sascha ist die ganze Zeit am Zucken, der will tanzen, das ist doch klar. Immer wieder geht eine große Schwingtür am Ende des Raumes auf, von da kommt uns ein anderer Sound entgegen, da ist ein zweiter Raum, da ist die Tanzfläche vom Belly Cloud.

Dann ziehen wir durch die Tür. Ich checke sofort, was für ein anheizender Sound das hier ist, was für eine Energie hier durch den Raum schwirrt, das ist das feinste Acidblubbern, das ist das fröhlichste Housegezwitscher, meine Stimmungsnadel bewegt sich in den tiefgrünen Bereich. Für einen Moment bleiben wir hinter der Tür stehen, die Tanzfläche ist größer als im Boot und gut gefüllt, von der Decke hängen überall Plastikteile runter, das sind Schrauben, Kugeln und Keile, in verschiedenen Farben. Alles ist am Rotieren und Hacken hier. Da sind schon wieder zwei, die vorhin auch im Boot waren, die erkenne ich sofort. Ich mache zwei Schritte auf die Tanzfläche, ich bin tierisch aufgepumpt. Das war ich schon vorhin, Mann, vor der zweiten Nase bei Sascha, und dann haben wir noch mal nachgelegt, all das knallt jetzt überschallmäßig rein. Ich muss tanzen. Ich muss unbedingt tanzen. Ich breite meine Flügel aus und hebe ab.

Immer wieder taucht Sascha neben mir auf, der geht kanonenmäßig ab, der hackt mit seinen Armen durch die Luft, der stampft auf den Boden, der zuckt maximalgeladen über die Tanzfläche, wenn der so weitermacht, dann zerlegt es den gleich in seine Einzelteile. Sascha grinst. Sascha lacht. Dann tanzt er wieder mit nacktem Oberkörper wie im Boot. Sascha, der Bär.

Irgendwann schwingen Sascha und ich zurück zur Bar. Da stehen Natalie und John mit zwei Typen, die ich nicht kenne.

Korrekter Laden, was?, fragt John.

Ich zünde mir eine Zigarette an. Sascha steht neben mir, jetzt sehe ich, dass der ein Piercing durch den einen Nippel hat, in dem Moment höre ich, wie Sascha zehn Limes bestellt.

Die Tanzfläche ist voll am Kochen, Sascha und ich sind mittendrin, keine Ahnung, wo die beiden anderen sind. Der Sound gibt richtig Druck, die Stimmung ist 1-A, es fühlt sich an, als ob die Party gerade beginnen würde. Dabei feiern wir jetzt schon die zweite Nacht. Und auf einmal habe ich tierisch Lust nachzulegen. Sascha und ich ziehen zur Toilette, davor liegen drei Typen am Boden, der eine ist entladungsmäßig weiß, der hat gerade gekotzt. Wir ziehen weiter, wir schließen uns in eine Kabine ein, ich drücke Sascha eine Pille in die Hand und lache.

Das Teil bringt mich zum Beben. Ich bin aufgeputscht wie noch einmal was, ich bin fast am Platzen vor Freude, und Energie, Hochfrequenzschwingungen durchziehen meinen Körper, ich will nur noch tanzen. Immer wieder taucht Sascha auf meinen Bildschirmen auf, der vibriert auf dem exakt gleichen Energieniveau wie ich, der rotiert über die Tanzfläche, der grinst, als ob es ihm gleich das Gebiss rausknallen würde. Hier geht es raketenmäßig ab, auf den Boxen tanzen drei Typen, mit nackten Oberkörpern, der DJ gibt immer mehr Schub, der Laden ist am Explodieren. Das ist das Belly Cloud.

Irgendwann geht der Sound aus und das Licht an. Ich schnalle das erst nicht, ich bin noch voll unterwegs, ich will tanzen, ich will immer weiter tanzen. Dann stehe ich herum und warte, dass es weitergeht. Ich will unbedingt eine rauchen, keine Ahnung, wie viele Packungen ich an diesem Wochenende schon durchgezogen habe, ich will die ganze Zeit rauchen. Da taucht Sascha neben mir auf.

Bombige Party, was?, fragt er.

1-A, Mann, sage ich, aber warum machen die jetzt Pause? Alles an mir will sich bewegen, ich will tanzen, ich will feiern, ich will weiter abgehen.

Sascha schaut mich an und lacht.

Das war es für heute, sagt er und zündet sich eine Zigarette an.

Ich kapiere gar nichts und schiebe meine Finger in seine Schachtel.

Es ist nach sechs, sagt Sascha, jetzt ist Schluss hier. Er zieht an seiner Zigarette und sieht sich dabei um. Und jetzt merke ich, dass hier alles in Aufbruchsstimmung ist.

19

Der Beat verlässt meinen Körper nicht mehr. Es ist Dienstagmorgen, die Messner steht vor der Tafel und produziert Schallwellen, die sich kurz darauf zu Worten wie Ableitung und Nullstelle verwandeln. Meine Füße und mein Oberkörper wippen, meine Pumpe drückt Trommelbeats durch meinen Körper.

Um die Extrempunkte einer Funktion zu bestimmen, sagt die Messner, bilden wir die erste Ableitung dieser Funktion und setzen diese gleich Null. Dann lösen wir die resultierende Gleichung nach x auf. Mit der zweiten Ableitung überprüfen wir nun … Extrempunkte, zweite Ableitung, die Worte vermischen sich mit den fiependen Acidsounds, die als regenbogenfarbige Seifenblasen durch meinen Schädel blubbern. In mir ist ein endlos laufender Drumcomputer, ich bin ein endlos laufender Drumcomputer, ich bin ein ein Meter dreiundachtzig großer und sechsundsiebzig Kilogramm schwerer Viervierteltakt.

Die Messner dreht uns den Rücken zu und schreibt mit weißer Kreide zum zehntausendsten Mal in ihrem Leben die Worte *Polynom dritten Grades* an die Tafel. Meine Pumpe gibt jetzt richtig Druck, die Elektrobeats knallen durch meinen Körper, in meinem Kopf schweben hundert bunte Luftballons. Vor mir sitzt Thorsten mit seinem weißen Polohemd, auf seiner Nase sitzt eine dieser randlosen Brillen, die hat sein Vater ihm ausgesucht, der hat auch so eine, und ich wette, die Oberameise Pierer hat auch so ein Teil auf seinem Zinken. Thorsten sitzt über sein Heft gebeugt und schreibt mit, wie immer, Thorsten schreibt immer mit, genau wie Dirk neben ihm, genau wie Miriam und Andrea vor ihm, genau wie alle hier, ich bin umzingelt von einer Horde hirnloser Aufnahmegeräte. Und wenn die Messner jetzt die Zahlen von eins bis zehntausend aufsagen würde oder das Alphabet zwanzig Mal hintereinander rückwärts durchbuchstabieren würde, dann würden die das hier alle ganz genauso brav aufschreiben.

Irgendwann dreht sich die Messner um und schaut zufrieden auf ihre Jungameisen.

Bei einem Polynom dritten Grades, sagt sie dann, bilden wir also die erste Ableitung der Funktion und wenden dann die allgemeine Lösungsformel für die quadratische Gleichung an. Die Messner rotiert wieder zur Tafel und pinselt die Worte *Die abc Formel* an die Tafel, wie halten die anderen das nur aus, das haben wir doch schon hundertmal besprochen, alles in meinem Kopf schwirrt und flirrt. Die Messner steht immer noch mit dem Rücken zu uns und schreibt jetzt in Schönschrift die Lösungsformel an die Tafel, dazu Schallwellen, tausendmal gehörte Schallwellen. Man stecke die Messner und den Thorsten als Argumente in die Lösungsformel und ziehe dann dreiundzwanzigmal die Wurzel. Irgendwann dreht die Messner sich um, sie sieht mein Handzeichen, ich ziehe los. Dann stehe ich auf der Toilette und gebe Feuer. Ich nehme drei kräftige Züge, ich schließe die Augen, ich tauche ab.

20

Ich oszilliere zwischen einer cremig-goldenen Ekstase und einem hellblau-plüschigen Ladezustand. Dienstag, Mittwoch, Donnerstag und Freitag, unter der Woche bin ich ein Raver im Standbymodus, meine Moleküle schwingen im niedrigfrequenten Bereich, warme Schwebesounds umhüllen mich, sphärische Klänge tragen mich durch den Raum, meine Akkus sind auf Laden gepolt. Dann kommt der Samstag, das Wochenende beginnt, der Fader bewegt sich nach oben, die Temperatur im Rave-Universum nimmt zu. Ich ziehe los. Konzentriertes Glück in Pillenform löst sich in meinem Magen auf, pulverförmige Energiequellen strömen nasenaufwärts Richtung Gehirn, dazu die pumpende Bassline, die meinen Körper zum Zucken bringt. Ich bin im Boot, das Stroboskopgewitter zerhackt meine Bewegungen, der hämmernde Beat treibt mich an, in meinen Synapsen vibriert das Glück im Viervierteltakt. Ich tanze auf einem fliegenden Teppich aus Tausendundeiner Nacht. Sechsunddreißig Stunden im Ravingparadies. Montagmorgen öffnet sich die silberne Eisentür vom Belly Cloud, widerwillig schwebe ich auf den letzten Klängen der Afterhour in das Tageslicht. Ich bin ein gasförmiger Tanzkörper, der durch Abkühlung in den Festzustand überführt wird. Der Sound des Wochenendes vibriert noch in mir, Glückshormone treiben noch durch meinen Körper, aber meine Muskeln melden Regenerationsbedarf an, der Rhythmus der Nacht vermischt sich mit Schneiders Stimme. Montagabend sinke ich erschöpft auf die Matratze, dann kennt mein Fader nur noch eine Richtung, in meinem Schädel dreht sich ein Karussell, Gedankenbruchstücke blitzen durch meine Schaltkreise, mein Motorkortex ist im Streikzustand. Irgendwie drehe ich mir noch eine Tüte, dann kommt das Wochenende mit seiner Rechnung und drückt mich mit voller Kraft ins Aus.

21

Über die DDR und die FDJ regen sich alle auf, sage ich. Dabei sind wir doch genauso gleichgeschaltet, dabei durchlaufen wir doch ein genauso verdammtes Umerziehungslager wie die. Ich nehme einen tiefen Zug von der Tüte und schiebe das Teil zu Nick.

Wenn ich alles richtig verorte, ist es Mittwochnachmittag. Auf jeden Fall haben wir sechs Stunden Schule hinter uns, danach sind wir direkt in meine Bude gecheckt. Nick geht kaum noch raven, das letzte Mal war er vor vier Wochen oder so dabei, immerhin kommt er noch mit hierher, das hat ihm Anke noch nicht ausgetrieben. Kurz nachdem wir hier eingeflogen sind, ist Tripster dazugestoßen. Nick und ich hängen auf der Matratze ab, Tripster sitzt im Schneidersitz vor dem Fenster, mit dem Rücken zu uns, er sieht nach draußen. Es schneit.

Wie meinst du das?, fragt Nick und übernimmt.

Die ersten zehn Jahre deines Lebens bist du deinen Eltern doch total ausgeliefert, sage ich. Bei der Geburt ist man ein hilfloses Nichts, ein unbeschriebenes Blatt, ein formloser Zellhaufen. Und dann fängt das große Erziehungslager an. Dann machen die dich zur Kopie von sich selber. Als ob die so ein spannendes Leben führen würden, ich lache auf.

Kopien, wiederholt Tripster, ohne seine Position zu verändern, das sind alles Kopien.

Nick schaut zu Tripster und zieht die Augenbrauen zusammen, ich weiß genau, was der jetzt denkt, fehlt nur, dass der noch einen Ameisenspruch bringt.

Ist doch normal, sagt Nick dann. Deine Eltern bringen dir halt bei, was sie wissen, und irgendwann beginnt man sein eigenes Leben.

Sein eigenes Leben, wiederholt Tripster und sieht dabei immer noch aus dem Fenster. Dann hebt er seine beiden Arme leicht in die Höhe. Sein eigenes Leben, sagt er noch einmal.

Nick starrt einige Sekunden auf Tripster, dann schaut er zu mir und tippt sich mit dem Finger an die Stirn.

Ich ignoriere diesen Scheiß.

Wer lebt denn hier sein eigenes Leben, Mann, meine Stimme ist jetzt lauter. Schau dir doch mal die Typen bei uns in der Klasse an, wie viele von denen leben denn ihr eigenes Leben? Ich sage es dir, Mann, ich schiebe meine rechte Hand nach oben und forme mit Daumen und Zeigefinger eine Null.

In dem Moment lacht Tripster kreischend auf, Nick und ich wenden uns erschrocken zu ihm, der hält seine beiden Hände immer noch nach oben gestreckt und nickt dazu heftig mit dem Kopf.

Das sind doch alles Kopien von ihren Eltern, sage ich dann. Billige Kopien. Die haben doch keine Ahnung, was es heißt, ein eigenes Leben zu führen. Darüber haben die doch noch nie nachgedacht. Die werden Wirtschaft oder Jura studieren oder Medizin, eben das, was ihnen Papi vorgemacht hat. Dann heiraten sie und kriegen Kinder, dann kaufen sie sich ein kleines Häuschen, die führen doch genau das Leben ihrer Eltern, dieses langweilige und durchnormierte Leben, in dem nichts passiert, in dem alles vorgeplant ist – ich stocke und drehe mich zu Tripster, der ist am Singen. *In einer Welt, in der man nur noch lebt, damit man täglich roboten geht …* genau Mann, rufe ich, genau so ist es, die gehen doch alle roboten, Mann. Tripsters Stimme wird lauter. *Ist die größte Aufregung, die es noch gibt, das allabendliche Fernsehbild.* Ja, Mann, rufe ich, jeden Tag der gleiche Ablauf, jeden Tag die gleiche Routine, ich sag dir was, Mann, bevor ich so ein Leben lebe, erschieße ich mich. Dann wedele ich mit meiner Hand Richtung Nick. Knallst du dir die Tüte jetzt alleine rein oder was, Mann? Tripster wird immer lauter. *Jeder Mensch lebt wie ein Uhrwerk, wie ein Computer programmiert, es gibt keinen, der sich dagegen wehrt, nur ein paar Jugendliche sind frustriert.* Abrupt verstummt Tripster.

Alter, sagt Nick, macht euch mal locker. Ihr steigert euch da voll in was rein.

Wir steigern uns rein?, frage ich. Dann gib dir das. Wir kommen aus dem unendlichen Nichts. Dann werden wir auf die Erde geschmissen mit der Info, dass wir genau ein einziges Mal für ein paar Jahre existieren. Danach geht es wieder ab in das unendliche Nichts. Und was machen alle um uns herum mit dieser Info? Die haben keine bessere Idee, als ihr Gehirn auf Pause zu schalten und ihr Leben lang auf einem vorgestanzten Pfad entlangzukriechen. Genau wie ihre Eltern das gemacht haben. Warum werfen die ihr Leben nicht gleich in die nächste Mülltonne? Und du sagst, wir steigern uns in was rein, Mann?

Ich lehne mich zurück und ziehe an der Tüte, Scheiße, Mann, das Teil ist vollkommen runter und verbrennt mir den Rachen.

Gib mir doch nicht immer diese Stummel, sage ich und lache, ich bin doch nicht dein Tütenausdrücker.

Nick sieht mich nachdenklich an.

Vielleicht machen die ja gerne, was sie machen, sagt Nick dann, vielleicht ist das ja genau ihr Ding.

Tripster lacht auf.

Es muss ja nicht jeder so sein wie wir, Alter, sagt Nick.

Wie wir, denke ich mir. Als ob wir noch auf derselben Wellenlänge unterwegs wären. Du bist doch schon lange auf dem Absprung, denke ich mir, seit du mit Anke rumziehst, sind wir doch auf ganz anderen Frequenzen unterwegs, Mann.

Klar nicht, sage ich und zünde mir eine Zigarette an. Aber schau dir die doch mal an, Mann. Ich meine die Typen, die für ein paar Monate einen auf Ich-mach-mein-Ding machen. Das machen die, solange das alles keine Konsequenzen hat, solange das alles ein Spiel ist. Und wenn es ernst wird, mutieren die mit Lichtgeschwindigkeit zur Ameise. Das sind die Hobby-Kiffer, die Hobby-Punks, die Hobby-Raver, das sind die, die drei Minuten einen auf authentisch machen und sich dann für den Rest ihres Lebens brav einordnen. Schau dir doch mal die ganzen Typen an, die morgens auf dem Raucherhof stehen und einen auf authentisch machen, der Miegel und der Oli und die ganzen anderen, mit ihren Lederjacken, mit ihren Dreadlocks, mit ihren Anti-Kapitalismus-Aufnähern und zerschlissenen Jeans, das ist doch total klar, was mit denen passiert. In ein paar Jahren sind das die bravsten Ameisen. Dann siehst du nichts mehr von diesem Ich-mach-mein-Ding-Gehabe. Die haben nämlich überhaupt nie vorgehabt, ihr Ding zu machen. Die würden doch nicht einmal das kleinste Risiko eingehen. Die würden doch nie etwas machen, das ihr Ameisenleben in Gefahr bringt.

Nicks Blick klebt auf mir, Tripster sieht immer noch aus dem Fenster, meine Turbinen pumpen auf Höchstleistung.

Und die gehören noch zu den besseren, sage ich. Die hatten zumindest einmal im Leben eine Idee davon, was es heißt, ein eigenes Leben zu führen. Die meisten haben nicht einmal das. Schau dir doch mal die Typen wie den Thorsten an. Der wird nach dem Abi Medizin studieren. Und wenn du den fragst warum, dann sagt der dir, dass er schon immer wusste, dass er einmal Arzt werden will, dass es für ihn nie eine andere Möglichkeit gegeben hätte. Genauso wie der Schmitt schon immer wusste, dass er Anwalt wird. Und Dirk schon immer wusste, dass er Maschinenbau machen will. Ich lache auf. Die wussten das schon immer. Die wussten schon mit acht, was sie einmal machen wollen. Und der Hammer ist, dass die das auch noch glauben. Wenn es einen schwarzen Gürtel für Autosuggestion gäbe, Mann, dann sollten die den alle bekommen.

Arzt ist doch kein schlechter Job, Alter, sagt Nick.

Tripster lässt einen kreischenden Lacher von sich.

Das meinst du nicht ernst, Mann, sage ich. Fünfzig Mal am Tag in einen geröteten Hals gucken, fünfzig Mal am Tag Nasentropfen und Hustensaft verschreiben, fünfzig Mal am Tag sagen, drei Tage im Bett bleiben und viel trinken, wie hohl ist denn das? Das kann doch jeder Schimpanse erledigen, Mann. Und du glaubst wirklich, der Thorsten hat sich das selber überlegt? Weil er das so obermäßig spannend findet? Weil das seine Leidenschaft ist? Vergiss es. Ich sage dir was. Der Vater vom Thorsten ist Arzt. Und der hat seinem Sohn, seit er klein ist, eingetrichtert, wie toll das ist. Und jetzt glaubt Thorsten, dass das schon immer sein Wunsch war. Typen wie der, die kommen doch gar nicht auf die Idee darüber nachzudenken, was sie sonst noch mit ihrem Leben machen könnten. Die schaffen sich ab, bevor sie überhaupt anfangen zu existieren. Die machen einfach das, was Papi ihnen vorgelebt hat. Die schlagen den vorgetretenen Trampelpfad ein und denken dann auch noch, dass das ihre Erfüllung ist. Dass sie das schon immer wollten. Dabei sind die einfach eine Kopie ihrer Eltern. Und der Hammer ist, dass deren Leben eine Kopie einer Kopie ist, weil deren Eltern auch nichts anderes gemacht haben, als ihre Eltern zu kopieren. Die Kopie einer Kopie, die Inkarnation des Nicht-Lebens. Typen wie der Thorsten hätten auch einfach nicht geboren werden können, Mann, das hätte überhaupt keinen Unterschied gemacht.

Nick starrt mich regungslos an, und ich frage mich, ob der mir überhaupt zugehört hat. In diesem Moment steht Tripster vor mir und schiebt mir mit einer kantigen Bewegung seine Rechte zum High-Five hin.

Ich schaue zu Nick, der guckt mich schon wieder so komisch an, dann schwenke ich zurück zu Tripster, und auf einmal spüre ich, was für ein 1-A Vibe von dem ausgeht.

Wir sind anders, Mann, sage ich zu Tripster. Wir machen etwas Besonderes aus unserem Leben. Tripster nickt, ich hebe meine Hand und wir schlagen ein. Für einen Moment warte ich darauf, dass Nick mit einschlägt, vor ein paar Wochen hätte der das noch gemacht, Mann, vor seiner Gehirnwäsche durch Anke, aber jetzt kommt da gar nichts.

Wir sind keine blassen Kopien, sage ich. Meine Hand liegt immer noch in der von Tripster, und plötzlich spüre ich, wie alles in mir sprudelt und schäumt. Meine Schaltzentrale ist ein Glas Wasser, in dem sich eine riesige Tablette Glück auflöst.

Wir schalten unser Gehirn nicht aus, sage ich. Wir nicht. Wir werden ein Leben leben, das es Wert ist, gelebt zu werden. Wir werden unseren eigenen Weg gehen. Sollen die anderen doch machen, was sie wollen, sollen die doch wie Ameisen auf einem vorgestanzten Pfad entlangkrabbeln, uns ist das egal, Mann, wir ziehen unser Ding durch.

Keine blassen Kopien, wiederholt Tripster, unsere Blicke treffen sich, und schon wieder spüre ich diese tierische Verbindung zwischen uns.

Wir sind nicht taub und stumm, sagt Tripster.

Ja, Mann, sage ich, wir sind nicht taub und stumm. Tripster nickt zweimal heftig, dann lässt er meine Hand los und läuft zur Tür, dann ist er weg.

Der Typ ist total durchgeknallt, sagt Nick und deutet schon wieder mit dem Zeigefinger auf seine Stirn.

So ein Schwachsinn, Mann, sage ich. Du redest wie Anke.

Aber eigentlich ist mir gerade total egal, was Nick sagt. Ich bin starkstrommäßig aufgepumpt. Ich brauche einen guten Sound jetzt. Ich drücke mich nach oben und laufe zur Anlage.

Die blubbernden und zwitschernden Klänge versetzen mein Zimmer mit einem Schlag in einen neuen Energiezustand. Ich bleibe in der Mitte des Raumes stehen und schließe die Augen. Ich breite meine Arme aus und lasse sie sanft über jede einzelne Klangwelle gleiten. Meine Arme gleiten, mein ganzer Körper gleitet, ich bin ein Elektrosurfer auf einer immer größer werdenden Welle.

Nach und nach baut sich der Track auf, nach und nach strömen neue Klänge durch das Zimmer, überlagern sich mit dem bereits herumschwirrenden Klanggemisch und verweben sich zu einer immer stärker pulsierenden Wolke. Ich mache einige schwungvolle Bewegungen, dann reiße ich mir das T-Shirt vom Körper, genau wie Sascha das gemacht hat.

22

Die Boxen im Belly verstummen, der Auftauchvorgang beginnt. Beim Rausgehen fallen mir die ganz weggedrückten Gestalten auf, in den Sesseln und auf dem Boden, vor den Toiletten. Das sind die, die es übertrieben haben, die die Sache nicht unter Kontrolle haben. Keine Ahnung, was die jetzt machen, wie die hier wegkommen. Wir kommen nach draußen, vor das Belly, es ist kalt und düster hier. Sonntagnachmittag am Boot, wenn du da rauskommst, das zieht, da geht noch was, da hat man noch was vor sich. Montagmorgen nach dem Belly, das ist anders, da ist das Wochenende vorbei.

Wir sind schon gegen sieben in Erlangen, Natalie fährt zum Exerzierplatz. Früher sind hier die Amis im Gleichschritt marschiert, heute ist hier Brachland, perfekt zum Chillen. Natalie schaltet den Motor aus, wir legen die Sitze zurück und rauchen Tüten. Die Teile können einen ganz schön zerlegen, um diese Zeit. Sowieso kann es einen ganz schön zerlegen, an so einem Montagmorgen. Zwei Nächte ohne Schlaf, das geht nicht spurlos an einem vorbei. Manchmal muss ich aus dem Auto raus und kotzen. Da kommt dann fast nichts raus, aber trotzdem ist da dieser tierische Würgereiz.

Ich hänge tierisch in den Seilen. Alles fühlt sich schwer an, mein Kopf ist eine riesige Neuronensuppe, ich bekomme die Augen kaum auf. Mein Geschwindigkeitsregler ist auf Zeitlupe gestellt. Keine Ahnung, wie ich gleich laufen soll. Keine Ahnung, wie ich heute noch irgendetwas machen soll. Dann ziehe ich eine. Das weiße Pulver rieselt durch den gerollten Schein in meine Nase, dann läuft es mir kalt und schleimig den Rachen hinunter. Beim Nachziehen wird alles taub. Ich spüre, wie die Energie in meinen Körper strömt. Ich spüre meinen Herzschlag. Das Schweregefühl löst sich auf. Kurz darauf ist mein Kopf klar. Glasklar. Der Tag kann beginnen.

Ich regle die Musik nach oben. Natalie startet den Motor, die sieht verdammt müde aus, Mann.

Zieh doch auch was, sage ich. Natalie schüttelt den Kopf.

Ich geh jetzt schlafen, sagt sie.

Natalie hält vor dem Raucherhof. Das ist ein mächtiges Gefühl, hier so vorzufahren, die Elektrowellen schwingen durch das Auto, ich bin schon wieder am Vibrieren, Natalie und ich rauchen noch eine, dann ziehe ich los. Meine Schritte sind federnd, ich fühle mich gut, unendlich gut, ich will tanzen. In der Ecke stehen Matze Reiher und seine Jungs, Nick und Mische sind nirgends zu sehen. Ich stelle mich zu Charlotte und Miegel. Die beiden haben dicke Jacken an und trinken Kaffee. Miegel erzählt von irgendeiner Party, auf der er am Samstag war, früher habe ich mir oft vorgestellt, wie es wäre, Charlotte zu küssen, aber eigentlich bin ich gar nicht hier, eigentlich bin ich immer noch im Belly Cloud. Blubbernde Schallvibrationen strömen aus den Boxen, Stroboskopblitze schießen durch die Luft, der DJ gibt Schub, und wir, wir Raver, wir zelebrieren unser nie enden wollendes Glücklichkeitsritual, wir gleiten über die Tanzfläche, unsere Arme hacken in die Luft, der ganze Raum ist voller Energie, so viel Energie. Aber nein, ich bin nicht mehr im Belly, ich stehe auf den grauen Steinplatten des Raucherhofs, es ist kurz vor acht, gleich fängt die erste Stunde an, und auf einmal checke ich, was hier geht. Die sind alle so unendlich träge hier, die sind alle so müde und schlaff, als ob die noch schlafen würden. Dabei haben die doch die ganze Nacht geschlafen, das ganze Wochenende haben die geschlafen, die sollten wach sein und frisch, aber das sind sie nicht. Nur ich, ich bin wach, ich sprühe vor Energie.

Diese Langsamkeit, diese Trägheit, das ist kaum auszuhalten.

Als Nick hier kurz vor acht einläuft, ziehe ich ihn gleich zur Seite, eine Zigarette geht noch. Ich erzähle vom Wochenende, vom Boot, vom Belly, aber irgendwie reagiert Nick nicht und guckt mich nur komisch an. Dann schnalle ich, was geht.

Was soll der Scheiß, Mann, sage ich.

Nick zuckt zusammen und macht den Ahnungslosen.

Du schaust mich an, als ob ich irgendein Junkie wäre, Mann, sage ich.

Nick schüttelt den Kopf. Mach dich mal locker, Alter, sagt er dann und legt seine Hand auf meinen Rücken. Du siehst halt ganz schön kaputt aus.

Kaputt, denke ich mir, wer ist hier kaputt? Das ist doch ein Witz, Mann. Aber in diesem Moment taucht ein großes Grinsen in Nicks Gesicht auf. Ganz schön viel geraucht, was, sagt er und zeigt auf meine rechte Hand.

Es dauert einen Moment, bis ich checke. Mein Zeige- und Mittelfinger sind gelb, quittengelb.

23

Irgendwann klatscht der Mörtel in Bio das Bild von einem weißhaarigen Typ an die Wand, der aussieht, als ob er sich auf die Hauptrolle in Yeti Reloaded bewerben würde.

Das ist Konrad Lorenz, sagt Mörtel, einer der bedeutendsten Verhaltensforscher des zwanzigsten Jahrhunderts. Und gleichzeitig war Lorenz ein Rassist und Nazi. Mörtel macht einen Spitzmund und schaut uns mit seinem Was-sagt-ihr-dazu-Gesichtsausdruck an.

Jetzt kriegt der wieder seinen Philosophischen, Alter, sagt Nick und verdreht die Augen.

Das ist die Ambivalenz des menschlichen Wesens, setzt Mörtel wieder ein. Wir leisten Größtes auf einem Gebiet, wir sind genialisch in einer Dimension, aber, Mörtel hebt die Hand und fuchtelt mit ihr einige Male hektisch durch die Luft, dann versagen wir komplett auf einem anderen Gebiet. Aus den Augenwinkeln sehe ich, wie der Beschleunigungsvektor an Nicks Stirn an Größe zunimmt und sich Richtung Tischplatte ausrichtet. Solche Sachen interessieren Nick genau null Komma null. Dabei hat der Mörtel doch einen Punkt, Mann. Typen wie Max Planck und Einstein und die ganzen anderen, die da oben auf ihrer Wolke sitzen, die haben ja etwas geschafft. Aber wirklich gelebt hat von denen keiner.

Und Konrad Lorenz ist kein Einzelfall, sagt Mörtel. Die Geschichte der Menschheit ist gepflastert mit Beispielen dieser Art. Napoleon, Wagner, Karajan, die haben alle Großartiges geschafft und gleichzeitig grandios versagt, die haben alle – Mörtels Schallwellenemission bricht abrupt ab, seine Augenbrauen ziehen sich zusammen, und er schüttelt leicht den Kopf.

Aber das ist die Kür, sagt er dann und lächelt, und wir müssen zur Pflicht. Mörtel macht eine kurze Pause, dann fängt er an, uns von Gänseküken zu erzählen, die beim Schlüpfen anstatt ihrer Gänsemütter den Lorenz sehen und deshalb ihr Leben lang dem Lorenz hinterherrennen.

Die Gänseküken wurden auf Konrad Lorenz geprägt, sagt Mörtel, seine Rotationsenergie nimmt zu, kurz darauf sehen wir seinen Rücken, und Mörtel beginnt, die Tafel mit seiner 1-A Ultraschönschrift zu füllen. Vierundzwanzig Jungameisen zücken ihre Stifte und glotzen begierig auf die Tafel. *Prägung: eine Form des Lernens, das in einem begrenzten Zeitraum innerhalb eines bestimmten Entwicklungsabschnitts eines Tieres abläuft (»sensible Phase«) und ein spezifisches, lebenslang anhaltendes Verhaltensmuster gegenüber einem bestimmten Objekt oder anderem Organismus bedingt.* Mörtel rotiert schwungvoll zurück zu uns, vierundzwanzig Jungameisen heben marionettenmäßig den Kopf und warten auf die nächste Anweisung.

Konrad Lorenz hat herausgefunden, sagt Mörtel dann, dass Gänseküken in einem Zeitraum von zwölf bis sechzehn Stunden nach dem Schlüpfen auf ihre Mutter geprägt werden.

In der großen Pause hängen Nick und ich mit Mische auf dem Raucherhof ab. Nick ist die ganze Zeit am Gähnen, Misches Blick klebt auf Charlotte, und in meinen Gedächtnisarealen tauchen plötzlich Erinnerungen an den Nachmittag mit Markus und meiner Mutter auf. Ich war elf. An diesem Nachmittag waren meine Mutter und ich mit Markus, meinem besten Freund aus der Grundschule, und seiner Mutter einmal wieder auf dem Ranter Berg spazieren. Wir machten das oft damals, mit dem Auto bis zum Parkplatz auf halber Höhe, von da zu Fuß die zweite Hälfte nach oben, dann eine kleine Runde im Wald und wieder zurück. Auf dem Weg nach unten, meine Mutter lief mit der Hahn einige Meter vor uns, blieb Markus abrupt stehen.

Deine Mutter, sagte Markus, dann stockte er.

Was ist denn los?, fragte ich.

Die hat, sagte er und stockte noch einmal, die hat richtig tolle Brüste, platzte es aus ihm heraus. Markus wandte sich schnell ab, er war auf einmal knallrot im Gesicht.

Die Brüste meiner Mutter. Ich bekam bei diesen Worten kein Bild rein. Keine Ahnung, was ich dazu sagen sollte.

Findest du echt?, fragte ich dann.

Markus drehte sich zu mir und nickte heftig.

Als wir kurz darauf am Parkplatz ankamen und meine Mutter das Auto aufschloss, landete mein Blick auf ihrem Ausschnitt. Und da kapierte ich, was Markus meinte. Nach diesem Nachmittag konnte ich monatelang nicht in der Nähe meiner Mutter sein, ohne mir vorzustellen, dass sie ihr Oberteil auszieht und ich mein Gesicht zwischen ihre vollen Brüste schiebe. Meine Mutter, Gabi Gerster, Petra Hoffmann, ich bin auch nicht besser als ein verdammtes Gänseküken.

Die Summe der Impulse vor dem Aufeinanderstoßen zweier Körper entspricht der Summe der Impulse nach dem Stoß. Sechs Wochen nach diesem Nachmittag mit Markus und meiner Mutter kam es zur Impulsübertragung von meinem Fuß auf den Daumen von Markus. Im Sportunterricht hatten wir Fußball gespielt, Markus stand im Tor und streckte seine Hand zum Ball, im gleichen Moment trat ich nach dem Ball, und dann war sein Daumen gebrochen. Natürlich war das keine Absicht, Mann. Und trotzdem schob sich die Hahn einen Tag später in den Dr. Ritterweg 8 und beförderte die Interaktion der Familien Hahn und Becker auf das absolute Temperaturminimum: Wenn die Hahns bei uns am Haus vorbeilaufen, wenn meine Mutter die Hahn beim Einkaufen trifft, wenn mein Vater den Hahn beim Tanken trifft, dann wechselt man die Straßenseite, dann dreht man den Kopf zur Seite, dann tut man so, als ob man sich nicht kennt.

Die Hahn, sagt Mische, als ich ihm irgendwann die Geschichte von Markus und seiner Mutter erzähle, die hatte ihren letzten anständigen Fick doch in der Steinzeit. Diese fachmännische Diagnose unterstreicht Mische mit einem 1-A Alligatorengrinsen.

Wenn überhaupt, sagt er dann. Auf jeden Fall hätte die mal jemand anständig durchnehmen müssen, am besten von hinten. Dann hätte die sich schon wieder eingekriegt.

Auf der völlig falschen Umlaufbahn kreist Mische damit nicht. Die Hahn ist damals ja nicht wegen dem gebrochenen Daumen so abgegangen. Die hatte ein ganz anderes Problem, und um das zu merken, brauchte man keine Spezialantennen. Wenn die Hahn mit meiner Mutter unterwegs war, hat die die ganze Zeit herumgejammert. Dass ihr Mann nur arbeiten würde, dass er abends nur vor dem Fernseher sitzen würde, dass er nie etwas unternehmen würde. Bla bla bla, immer der gleiche Text in Endlosschleife, die Hahn ist eine Schallplatte, die auf der Unzufriedenheitsrille hängengeblieben ist.

Ich schließe die Augen, kurz darauf schwebe ich hoch über dem Boden von Faitach. Dann zücke ich mein Megaphon. Achtung, Achtung, das ist eine wichtige Durchsage. Alle unzufriedenen Hausfrauen, sofort den Herd ausschalten und die Kochlöffel fallen lassen. Schmeißt die Bügelbretter und die Putzlappen aus dem Fenster. Eure Männer und Kinder können sich ab jetzt selber den Hintern abwischen. Habt ihr vergessen, dass euer Leben nicht ewig dauert? Bald seid ihr alt und klapprig. Packt eure Koffer und verlasst eure Ameisenmänner, verlasst dieses vorgestanzte Leben, in dem ihr eure Zeit mit Kochen und Putzen und Kaffeetrinken verschwendet.

Das muss reichen. Wer das nicht schnallt, dem kann nicht geholfen werden. Ich schalte das Megaphon aus. Tempus fugit, Mann, das wussten doch schon die Römer.

24

Es ist Sonntagnachmittag, Natalie und ich sind im Auflademodus, wir füllen unsere Tanks, ich hänge auf einem von Natalies Sesseln ab, sie liegt ausgestreckt auf dem Sofa, später geht es ins Belly.

Ich raff das nicht, sage ich. Warum leben die Menschen nicht einfach das Leben, das sie wollen?

Dann erzähle ich ihr von der Hahn. Genauso hätte ich ihr von der Hoffmann erzählen können, oder von der Gerster, oder, oder, oder. Die ganzen Faitacher Hausfrauen-Frauen, die sind doch alle tierisch unzufrieden mit ihrem Leben.

Die ist die ganze Zeit am Abkotzen, sage ich und ziehe an der Tüte. Die hat null Bock auf ihr Ameisenleben. Die ist gelangweilt und frustriert, Mann. Und trotzdem verändert die nichts. Und trotzdem stapft die Tag für Tag weiter in der vorgetretenen Insektenspur. Das ist doch total verrückt, Mann.

Natalie liegt immer noch in der Horizontalen.

Warum gibt die sich das?, frage ich. Wie kann die ihr Leben nur so verschwenden?

Natalie dreht ihren Kopf zu mir.

Vermutlich hat sie Angst, sagt Natalie.

Angst?, frage ich. Wovor soll die denn Angst haben?

Dass ihr Mann seine Lederhosen anzieht und ihr hinterherrennt, oder was?

Natalie lacht.

Die meisten Menschen sind voll von Ängsten, sagt Natalie dann. Und deshalb verändern sie nichts. So ist das, sagt Natalie, sie spricht jetzt langsam, als ob sie laut nachdenken würde. Dabei sind fast alle Ängste unnötig.

Natalies Worte feuern durch meine Lappen, ich nehme noch einen Zug von der Tüte.

Stimmt total, sage ich und spüre, wie meine Arbeitstemperatur plötzlich nach oben schnellt. Das ist doch krank, sage ich. Man hat ein paar Jährchen Existenz. Und diese paar Jährchen verbringen die mit Dingen, auf die die gar keinen Bock haben. Aus Angst. Ich schüttle den Kopf.

Das macht doch überhaupt keinen Sinn, sage ich dann. Es ist doch total egal, was hier auf der Erde passiert. Es ist doch total egal, was in deinem Leben passiert. In ein paar Jahren sind wir alle Weltraumstaub, Mann. Für immer. Vor was sollte man da noch Angst haben?

25

Haben sie sich schon einmal gefragt, fragt Schneider und zieht dabei seine Augenbrauen in die Höhe, warum bestimmte Vorgänge in der Natur spontan ablaufen und andere nicht? Schneiderpause, gut hörbares Ein- und wieder Ausatmen. Warum fließt das Wasser bergab und nicht bergauf? Warum strömt die Wärme von der Herdplatte in das Wasser des Topfes und nicht umgekehrt? Warum, Schneider schiebt die rechte Hand nach oben, warum zerspringt ein Glas, wenn ich es fallen lasse, aber fügt sich niemals spontan aus den zersprungenen Teilen wieder zusammen?

Alter, sagt Nick und verdreht die Augen, gleich fragt der uns, warum es beim Kacken vom Darm ins Klo läuft und nicht umgekehrt. Ich lache laut los, Schneider dreht sich zu uns.

Die Herren haben etwas beizutragen?, fragt er lächelnd und bewegt sich im 1-A Watschelgang in unsere Richtung. Schneider fixiert erst Nick und dann mich.

Nick starrt auf die Tafel, von dem kann ich jetzt nichts erwarten, ich drehe mich zu Scheider, mein Blick fällt auf sein Flamingohemd, wie viele von den Teilen hat der eigentlich, dann schüttle ich den Kopf. Der Schneider ist immer noch am Lächeln.

Nun, sagt Schneider, dann macht er eine kurze Pause und atmet gut hörbar ein und wieder aus, den beiden Herren scheint es die Sprache verschlagen zu haben. Dann wendet er sich von uns ab.

Der zweite Hauptsatz der Thermodynamik erlaubt uns, all das zu verstehen, sagt Schneider dann. Mit dem zweiten Hauptsatz der Thermodynamik können wir erklären, warum bestimmte Vorgänge in der Natur ablaufen und andere nicht. Und genau hierüber möchte ich mit Ihnen in den nächsten Wochen sprechen. Dann redet der Schneider von Energie und Entropie und spontanen und irreversiblen Prozessen, ich finde das gut, richtig gut, Nick klickt sich in den Standbymodus, aber mich regt das alles verdammt an.

Zwei Stunden später stehen Nick, Mische und ich auf dem Raucherhof.

Ich möchte, sage ich, ziehe die rechte Augenbraue nach oben und spreche mit typischer Schneiderstimme, ich möchte mich heute mit Ihnen über den zweiten Ameisenhauptsatz unterhalten.

Nick grinst, der weiß sofort, was geht, bei Mische dauert es länger, dann lege ich einen 1-A Watschelgang nach, und schon feuert es auch in Misches Assoziationsarealen.

Die Schwuchtelette, sagt Mische, und schiebt sich eine frische Zigarette zwischen die Zähne. Der schläft doch mit Analplug, sagt er dann. Fettes Alligatorengrinsen.

Der zweite Ameisenhauptsatz, sage ich und halte meinen Finger schneidermäßig nach oben. Jede Ameise strebt danach, ihre Ängste zu minimieren. Die Angst ist also die umgekehrte Entropie der Ameise. Und die Entropie eines Systems, daran möchte ich Sie erinnern, die nimmt bei jedem spontan ablaufenden Vorgang zu.

Alter, sagt Nick, machst du jetzt auf Professor, oder was?

Dieses Prinzip erlaubt uns zu verstehen, sage ich, welche Veränderungen im Leben einer Ameise möglich sind und welche nicht: Veränderungen, die die Ängste reduzieren, sind möglich, alle anderen nicht.

Ich greife nach der Schachtel, die Nick in der Hand hält und fummele eine Zigarette raus.

Und deshalb wird das Leben einer Ameise immer langweiliger und langweiliger, sage ich. Und irgendwann haben die eine Stelle bei Siemens und eine Frau und Kinder und ein Haus mit Garten, und dann ist alles vorbei. Minimale Angst und maximale Langeweile.

Ich gebe Feuer und nehme einen kräftigen Zug.

Und dann geht es ab in das unendliche Nichts, sage ich.

Hast schon irgendwie recht, sagt Mische und schaut mich nachdenklich an.

26

Bis Januar läuft die Sache mit Tom im Boot immer gleich ab. Irgendwann sonntagmorgens laufen Tom und ich zusammen raus, es ist hell draußen und kalt, wir schieben uns Richtung Parkplatz. Wir rauchen, wir ziehen zu seinem Fiat, wir drehen eine Runde, und wenn wir dann wieder auf dem Parkplatz einfahren, bin ich ausgestattet.

Ab jetzt machen wir das anders, sagt Tom. Es ist einer dieser Sonntage, Tom und ich sitzen im Auto, irgendein Drum and Bass-Sound hämmert aus den Boxen. Tom wippt zum Beat, und auch ich bin am Wippen, so langsam gefällt mir dieser Sound. Aber eigentlich will ich jetzt zurück ins Boot, da ging gerade mächtig die Post ab. Ich zünde mir eine Zigarette an und halte Tom die Schachtel hin.

Das wird zu unsicher hier, sagt er. In den letzten Wochen haben die ganz schön was hochgenommen. Unter anderem deine beiden Kumpels.

Toms Worte flirren für einige Sekunden durch meine Schaltungen, dann klickt es bei mir.

Du meinst John und Sascha?, frage ich.

Tom nickt und zündet sich eine Zigarette an.

Die haben die vor ein paar Wochen mit hundert Gramm Speed in Weiden geschnappt, sagt er, und seitdem sitzen die in U-Haft. Du musst aufpassen, mit wem du abhängst. Die werden immer schärfer.

Du hast doch dein eigenes Zimmer in Erlangen?, fragt er dann.

Ja, Mann, sage ich und fühle mich gut, Erlangen, ich wohne in Erlangen.

Dann komme ich ab jetzt bei dir vorbei, sagt Tom.

Das ist typisch Tom. Er fragt nicht, sondern er entscheidet. Ich mag das. Tom weiß, was er tut.

Die Treffen mit Tom in meiner Bude laufen immer gleich ab. Montag, siebzehn Uhr, das ist Toms Zeit, da kommt er mit seinem Fiat unten vorgefahren, und siebzehn Uhr heißt siebzehn Uhr bei Tom, keine zehn Minuten früher, keine zehn Minuten später. Ich bin trotzdem schon immer eine Stunde vorher da, ich will ihn auf keinen Fall verpassen. Montags siebzehn Uhr, nach zwei durchtanzten Nächten, manchmal kann ich da kaum noch laufen, an anderen Tagen bin ich noch ziemlich drauf. Aber egal wie, montags um siebzehn Uhr, da treffe ich Tom. Und natürlich bin ich da immer alleine.

Ich hänge in meiner Bude ab, ich liege ausgestreckt auf meiner Matratze, Augen zu, Entspannungsmodus. Trancige Klänge schwingen durch den Raum, richtig gute Musik ist das, das ist mein neues Sven Väth-Tape, das habe ich letztens von Natalie bekommen, das ist genau, was ich jetzt brauche. Vor meinen Augen formen sich regenbogenfarbige Kreise, die kommen aus dem schwarzen Nichts und werden immer größer, in meinem Schädel rotiert ein Eimer Gelatine.

Das Wochenende haben wir geknüppelt. Am Freitag

sind wir ins Bogus, den neuen Laden in Bamberg, ein alter Weinkeller, glaube ich, auf jeden Fall stehen da meterhohe Weinfässer rum, und dann die Backsteinmauern, die hohen, spitz-zulaufenden Decken, Bogus, das ist der volle Mittelalterfilm. Dazu der knallharte Sound, den die da machen, das ist eigentlich überhaupt nicht mein Ding, aber in dem Laden passt das. Freitag Bogus, Samstag Boot, Sonntag Belly, jetzt bin ich tierisch platt, ich klebe auf der Matratze, alles fühlt sich unendlich leicht an, mein Körper ist kurz davor, den Phasenübergang zum Gas hinzulegen. Ich habe Bock auf eine Tüte, schon die ganze Zeit habe ich Bock auf eine Tüte. Ich müsste mit der Hand nur nach links greifen, da liegt alles, neben der Matratze liegen die Papierchen und das Piece, alles, was ich brauche, liegt da. Aber ich packe das jetzt nicht. Das ist mir zu viel jetzt. Ich fokussiere wieder auf die Regenbogenkreise, abgefahren ist das, wie die vor meinen Augen auftauchen und dann wieder verschwinden. Warum ist das Wochenende eigentlich schon wieder vorbei? Warum geht das immer so schnell rum? Ich will nachlegen und tanzen, ich will weitertanzen, immer weitertanzen will ich. Vielleicht gehe ich doch ins Paisley heute Abend.

Als der Klingelton in meinen Wahrnehmungslappen andockt, checke ich, dass der da schon länger herumschwirrt. Das ist Tom, auf einmal bin ich hellwach, ich schaue zum Wecker, es ist 17:04 Uhr, ich springe auf und laufe zur Tür.

Hey Fred, sagt Tom und hält mir die Hand zum Einschlagen hin, alles klar?

Mein Blick klebt auf Tom, der sieht schon wieder so oberlässig aus, mit seinem weißen Yankees Cap, dem Kapuzenpulli und seinem Rucksack. Ich fühle mich gut.

Schließt du ab?, fragt Tom, als er im Flur steht, immer vergesse ich das, aber Tom vergisst das nie.

Dann hängen wir auf der Matratze ab.

Das ist Frankfurt Sound, was?, fragt Tom und wippt dabei mit seinem Oberkörper.

Bock, einen zu rauchen?, fragt er dann.

Klar, sage ich, obwohl ich ziemlich Matsche bin, Mann, das war ein krasses Wochenende.

Tom grinst. Dann zieht er seine metallene Zigarettenbox aus dem Rucksack, Tom hat immer so eine Box dabei, mit vorgedrehten Grastüten, immer Gras, nie Piece. Erst rauchen wir einen zusammen, dann das Geschäft, so läuft das mit Tom. Ich mag das, ich hänge gerne mit Tom ab. Tom gibt Feuer, der sieht schon wieder so verdammt frisch aus, als ob er gerade aufgestanden wäre, keine Ahnung, wie er das macht, der war doch auch im Boot und im Belly, der hat doch auch nicht geschlafen seit Samstag.

Hast du das Geld?, fragt Tom und blättert dabei in seinem schwarzen Notizbuch.

Ich schiebe mich zum Regal, dann drücke ich Tom den Briefumschlag in die Hand.

Elfhundert?, fragt er.

Ich nicke.

Er steckt den Umschlag ein, ohne nachzuzählen, Tom zählt nie nach.

Das Material bekomme ich bei Tom auf Kommission, ich bezahle die Woche darauf, Tom vertraut mir.

Wie immer?, fragt er dann und zündet sich eine von seinen blauen Nil an.

Ich nicke. Wie immer. Zwanzig Pillen, ein Gramm Pep und hundert Gramm Piece, das hatte ich die letzten paar

Wochen immer, das ist eine gute Ration. Acht bis zehn Pillen und der Pep für mich und Natalie, das bringt uns gut übers Wochenende, vom Piece gehen fünfzehn bis zwanzig Gramm an mich. Den Rest verticke ich, und das finanziert mir mein Material und meine Wochenenden.

Tom macht den Reißverschluss vom Rucksack auf und zieht eine Platte raus. Das Teil ist wie immer in Plastik eingeschweißt.

Wenn das anständig gemacht ist, hat Tom einmal gesagt, dann reagieren die Köter nicht einmal, wenn du ihnen die Platte vor die Nase hältst.

Tom greift noch einmal in den Rucksack und zieht ein silbernes Klappmesser und eine Waage hervor, kurz darauf hat er die Platte aus dem Plastik geschält und hält mir das Teil hin. Ich übernehme, das ist helles Piece, mehr grau als braun und ziemlich dick, irgendwie kommt mir das bekannt vor, das hatte ich schon einmal.

Riech mal daran, sagt Tom.

Ich schiebe die Platte an meine Nase, das Zeug riecht nach Gewürzen.

Tom schaut mich einige Sekunden an, der wartet darauf, dass ich was sage, ich fingere weiter an der Platte rum.

Afghanischer Pollen, sagt Tom dann.

Echt, Mann?, frage ich und merke, wie ein dickes Grinsen mein Gesicht übernimmt.

Afghanischer Pollen, ich kann mich genau daran erinnern, das war das beste Piece, das ich je hatte, zweimal hat Tom das bis jetzt angeschleppt.

Tom nimmt die Platte und legt sie auf die Waage: 98,3 Gramm.

Ich gebe dir das für achthundert, sagt er.

Ich nicke. Tom gibt mir gute Preise, Afghanischer Pollen, den kann ich locker für vierzehn verkaufen, das ist gar kein Problem. Obwohl ich von dem Zeug eigentlich nichts verkaufen will.

Tom greift wieder in seinen Rucksack, kramt eine Weile darin herum, dann zieht er einen schwarzen Lederbeutel hervor. Da sind die Pillen und der Pep drin. Einmal hat Tom mich da reinschauen lassen, in den Beutel, seitdem weiß ich, warum Tom das Türabschließen nie vergisst.

Wenn die Cops kommen, hat Tom einmal gesagt, dann müssen wir schnell sein. Dann nimmst du den Beutel und schüttest den ins Klo. Anständig Klopapier drauf, spülen, und mit der Bürste dabei runterdrücken, dann kriegst du das gut weg. Und ich kümmere mich um das Piece.

Klar, Mann, habe ich gesagt. Obwohl ich keine Ahnung habe, wie Tom das Piece entsorgen will.

Ich stelle mir immer vor, dass ich mein Zeug aus dem Fenster werfe. Obwohl die doch sicher einen auf den Parkplatz stellen würden, die sind doch nicht blöd, aber irgendwie hoffe ich, dass das Zeug im Baum hängenbleibt und die Cops das nicht blicken, immerhin wohne ich ja im siebten Stock.

Tom greift in den Beutel, nimmt ein kleines Papiertütchen mit dem Pep und eine Hand voll Pillen raus und beginnt, die einzeln auf dem Teppich vor uns abzuzählen.

Adams und Superfrogs, sagt er.

Die weißen Adams kenne ich, die hat Tom oft dabei, das sind super Pillen. Ich nehme eine von den Superfrogs in die Hand, die hatte ich noch nie, die sehen cool aus irgendwie, hellgrün mit einem eingestanzten Frosch, der sein Maul weit aufreißt.

Die sind der Hammer, sagt Tom und zählt dabei weiter.

Klar, Mann, sage ich. Da habe ich keinen Zweifel, die Pillen von Tom sind immer 1-A.

Das sind zwanzig, sagt Tom, und legt den Beutel zur Seite. Dann nimmt er sein Notizbuch und einen Kugelschreiber.

Achthundert für das Piece, sagt er, und vierhundert für die Pillen und den Pep macht zwölfhundert, er schreibt etwas in sein Buch.

Dann greift er noch einmal in den Beutel und zieht ein kleines Plastiktütchen mit einer einzelnen Pille hervor.

Eine Jesus Christ, sagt er und legt das Tütchen neben die anderen Pillen. Die gebe ich dir so dazu, sagt er, die sind neu auf dem Markt, er grinst, das ist etwas ganz Besonderes.

Tom zieht los, und keine fünf Minuten später fliegt Nick hier ein. Ich checke nicht, wie der das immer macht, aber wenn Tom hier montags abzieht, ist Nick sofort da. Ich bin verdammt froh, dass Nick jetzt da ist, trotz allem. Trotz diesem ewigen Ameisenherumgemache und sich Sorgen machen, trotz diesem Antidrogenfilm, trotz seiner wochenlangen Abwesenheit vom Boot. Nick läuft hier ein, und meine Wohlfühlgeneratoren laufen an. Montags zieht es mich neuerdings nämlich ganz schön runter. Letzten Montag musste ich plötzlich losflennen, total aus dem Nichts heraus. Da hing ich in meiner Bude ab, da habe ich einen geraucht, und auf einmal ging es bei mir raketenmäßig abwärts. Jedes einzelne meiner Stimmungsareale schaltete auf Komplettentladung, alles in meinem Leben fühlte sich maximal tiefsttemperaturmäßig an. Ich will weg hier, dachte ich mir, einfach nur weg. Nach Berlin. Oder noch viel weiter. Und dann musste ich tierisch flennen.

Vor meiner Matratze liegt immer noch alles rum, die Platte, die Pillen, die Plastikfolie, an der klebt noch richtig was dran.

Ganz schön viel Zeug, Alter, sagt Nick und deutet auf die Pillen.

Mein Blick klebt auf Nick, seine Ameisenschallwellen fließen durch meine Gehörgänge. Was soll das, Mann? Warum geht der schon wieder so insektenmäßig ab? Aber bevor ich irgendetwas sagen kann, hält Nick die Platte in der Hand und grinst.

Nick drückt mit Daumen und Zeigefinger auf dem Piece herum, sein Grinsen wird immer breiter, er schiebt sich das Teil an die Nase, dann dreht er sich ruckartig zu mir.

Afghan Pollen, sagt Nick, seine Stimmbänder vibrieren jetzt im kurzwelligen Bereich, ist das geil, Alter.

Mit Piece ist Nick unschlagbar.

Lass einen rauchen, Alter, sagt Nick und wackelt dabei mit seinen Fingern vor meinem Gesicht. Ich kaufe dir was ab, und dann lade ich dich ein. Nicks Lippen sind am Glänzen, und mich durchströmt ein warmes Glücksgefühl.

Quatsch, Mann, sage ich.

Ich nehme die Platte in die Hand und breche mit einer schnellen Bewegung einen anständigen Kanten ab. Das sind sicher zehn Gramm, Mann. Das Ding teile ich in zwei Hälften, die ich beide Nick in die Hand drücke.

Die eine ist für dich, sage ich, und die andere kannst du zum Flocken nehmen.

Alter, Nick hält das Piece in der Hand und strahlt mich an, das ist echt fett.

Manchmal habe ich einfach tierisch Bock darauf, Nick was zu schenken. Ein anständiges Stück Piece oder auch eine Pille, aber die fasst er jetzt ja nicht mehr an.

Nick fingert immer noch an dem Teil herum.

Alter, haben sich die Zeiten geändert, sagt er dann. Weißt du noch, was für ein Zeug wir uns früher reingeknallt haben? Ich sage nur Antipiece, Nick verzieht sein Gesicht. Total entwürdigend, Alter.

Das war der thermodynamische Nullpunkt unserer Laufbahn, Mann, sage ich.

Das Antipiece, das war das Zeug, das Mische irgendwann einmal angeschleppt hat, keine Ahnung, wo er das aufgegabelt hatte. Jedenfalls hatten wir einen ziemlichen Batzen davon. Eigentlich sieht das ganz normal aus, vielleicht etwas zu dunkel, aber was soll's, dachten wir, das ist halt was Marokkanisches. Beim Aufflocken hat das Zeug dann diesen bestialischen Gestank von sich gegeben.

Alter, hat Mische gesagt, das ist ja schlimmer als eine ungewaschene Muschi.

Das ist übel gestreckt, hat Nick gesagt. Da hat irgendein Assi Schuhcreme oder Gummi vermischt.

Reingezogen haben wir uns das trotzdem. Nur weil etwas gestreckt ist, heißt das ja nicht, dass man es nicht rauchen kann. Damals haben wir uns sowieso alles reingeknallt, was uns zwischen die Finger kam. Und wenn wir auf dem Trockenen saßen, dann haben wir uns mit Tabak pur hochgeknallt. Aber das Antipiece, Mann, das war der absolute Tiefpunkt.

Wie viele Köpfe haben wir von diesem Dreckszeug eigentlich durchgezogen?, sagt Nick. Das waren doch sicher fünfzehn oder zwanzig, Alter.

Und trotzdem hat das null gekickt, Mann, sage ich. Ich glaube, da war nicht das kleinste Fitzelchen Piece drinnen.

Und dann haben Mische und du fett abgekotzt, sagt Nick und verzieht dabei wieder sein Gesicht.

Die Zeiten sind vorbei, Mann, sage ich.

Ja, Alter, sagt Nick und hält mir die Hand zum Einschlagen hin, die Zeiten sind vorbei.

Ich schlage ein, und in diesem Moment überschwemmt mich ein mächtiges Gefühl. Das ist zum Abheben. Ich schließe meine Augen. Es ist Montagabend, mein Vater steht im Ameisenkostüm an seinem Arbeitsplatz, er hält den Hörer an sein Insektenohr, ja, sagt er, ich fahre jetzt los. Schlagartig nimmt die kinetische Energie im Dr. Ritterweg 8 zu, meine Mutter deckt den Tisch, dann steht sie in der Küche und schneidet Salat, und ich – ich war raven, das ganze Wochenende war ich raven, ich habe eine dreißig Stunden lange Elektrowelle im Blut, ich habe zwei Nächte durchgetanzt. Da merke ich, dass wir gar keinen Sound haben. Ich drücke mich nach oben, ich bewege mich zur Anlage, ich schiebe diese neue CD rein, die habe ich vor ein paar Tagen im Hi-Hat gefunden, die stand unter Detroit Techno, keine Ahnung, was das genau ist, aber auf jeden Fall ist das richtig guter Sound. Das ist genau, was ich jetzt brauche. Ich bleibe vor den blubbernden und fiependen Boxen stehen und schaue zu Nick, der ist am Flocken und Wippen.

Geile Mucke, sagt Nick, seine Unterlippe glänzt schon wieder, warum glänzt die eigentlich nicht immer, so sollte das doch sein, darum geht es doch im Leben. Auf jeden Fall spricht der total auf diesen Sound an, das sieht man sofort, dem geht das genau wie mir.

Glitzernde Seifenblasen schweben durch den Raum. Irgendwann hält Nick mir die Tüte hin, ich schließe die Augen und ziehe den Rauch langsam und tief in die Lunge. Zehntausende THC-Moleküle springen auf meine Blutkörperchen und rauschen mit Hochgeschwindigkeit

Richtung Schaltzentrale, das tut gut, richtig gut tut das. Das Telefon klingelt, was soll das, ich habe da jetzt null Bock drauf, lasst mich in Ruhe, Mann. Die Musik zieht an. Nick schiebt seine wackelnden Finger in meine Richtung, der will schon wieder die Tüte, mein Blick klebt auf seinen Fingern, die sind ja tierisch lang, viel zu lang sind die, was geht denn hier ab? Ich schalte auf Schnappatmung, kurze, kräftige Züge an der Tüte, so viel, wie ich reinkriege, ich pumpe mich voll mit dem Zeug. Das Telefon ist immer noch am Klingeln, das ist ja unerträglich laut, als ob das jemand nach oben geregelt hätte. Ich halte die Tüte zu Nick und nehme ab.

Hola Muchacho, höre ich, alles Muschi?

Das ist der Miegel. Vor kurzem hing ich noch die ganze Zeit mit dem ab, da war ich auch noch einer von seinen Jüngern. Der Miegel und ich sind seit der fünften in einer Klasse. In der achten hat der dann auf einmal die Transformation zum Rocker hingelegt. Das fand ich natürlich anschlagsmäßig cool, damals. Ich war da ja noch das Oberbübchen mit von Mami ausgesuchten Klamotten und glatt gekämmten Haaren. Und da lässt sich der Miegel eine schwarze Mähne bis über die Schultern wachsen und läuft mit Motorradlederjacke und knallengen, aufgeschlitzten Jeans ein. Natürlich hatte der sich das alles von Matze Reiher und seinen Jungs abgeschaut. Trotzdem, bei uns in der Stufe war der Miegel Pionier. Was ich dann nicht raffe ist, dass der Miegel voll auf diesem Rockerfilm hängengeblieben ist, Stagnation pur, Mann, als ob dem sein Gehirn damals eingefroren wäre.

Hey Mann, sage ich.

Aus dem Hörer kommt mir ein grunzendes Lachen und ein dumpfer Sound entgegen. Ich weiß genau, was bei dem geht. Ich war da ja oft genug dabei. Der Miegel hängt mit seinen Jüngern in seinem Zimmer ab, mit Finne und Oli und Mälzner, da ziehen die sich Pantera und Metallica oder irgendetwas anderes dieser Art rein und knallen sich dazu die Flutschbongs durch die Lungen. Mit denen verbindet mich rein gar nichts mehr, Mann. Außer, dass die jetzt ihr Piece bei mir kaufen. Und genau deshalb ruft der an, das höre ich schon an seiner Stimme, auch wenn er wieder einen auf tierisch lässig macht.

Ist der Horst da?, fragt Miegel.

Der Horst, wiederhole ich.

Horst, das ist unser Codewort, H wie Haschisch, so einfach ist das.

Lass mich mal sehen, sage ich dann und schaue zu Nick. Der grinst und zieht an der Tüte, ich fühle mich krass gut. Der Miegel ruft an und will Piece, ich habe Piece, ich bin dem seine Connection – für Miegel und die ganzen anderen bin ich wie Tom. Ich halte Nick meine Hand hin, der kann das Teil ruhig mal wieder rüberwachsen lassen, Mann.

Ja, sage ich dann, der Horst ist noch da.

Dann komm ich jetzt mal vorbei, sagt Miegel.

Was geht denn mit dem? Der redet, als ob der hier einlaufen könnte, wann immer er will. Was denkt der eigentlich? Ist der der Checker, oder ich? Und plötzlich habe ich genau null Komma null Bock, jetzt was an den zu verticken. Der kann mich mal, Mann. Aber ich brauche Geld. Ich schiebe die Hand auf den Hörer und drehe mich zu Nick.

Hast du Kohle, Mann?, frage ich. Nick schaut mich verdutzt an. Noch einen Zehner, sagt er dann und zieht dabei an der Tüte.

Einen Zehner, denke ich mir. Vorhin hat er noch rumgetönt, dass er mir was abkauft und mich einlädt. Wie wollte der das denn machen, Mann. Mit einem Zehner geht doch gar nichts, das haben wir doch in einer Tüte verballert. Keine Ahnung, was bei Nick geht. Der kommt die ganze Zeit hierher und raucht, dann knallt es uns auf einen Fressfilm und wir machen den Kühlschrank zusammen leer, aber Geld, Geld bringt der nie mit.

Alles klar, Mann, sage ich zu Miegel, dann komm vorbei.

27

Um das Konzept der Entropie besser zu verstehen, sagt Schneider und stolziert dabei flamingomäßig vor seinem Pult auf und ab, benötigen wir einige kombinatorische Grundkenntnisse. Schneider bleibt stehen und atmet tief ein und wieder aus.

Die Kombinatorik erlaubt uns zu verstehen, sagt Schneider dann, auf wie viele verschiedene Weisen eine gegebene Anzahl an Elementen angeordnet werden kann. Der Schneider hat einen Gesichtsausdruck drauf, als ob er gerade die Heilsbotschaft verlesen würde.

Anders gesagt, sagt Schneider, seine Stimme vibriert jetzt im besten Kastratenbereich, stellen Sie sich eine Urne mit N durchnummerierten Kugeln vor und – Schneider atmet noch einmal tief ein und wieder aus, der agiert schon wieder im roten Drehzahlbereich – und nehmen wir an, dass wir aus dieser Urne k Kugeln ziehen wollen. Auf wie viele verschiedene Weisen können wir das tun? Der Schneider hat immer noch diesen Messiasblick drauf, dann dreht er sich im Schneckentempo zur Tafel. Das kann doch nicht sein, Mann, das will der jetzt nicht echt im Detail besprechen. Das haben wir doch schon stundenlang in Mathe durchgekaut, letztes Jahr.

Wir ziehen also k Kugeln aus einer Urne mit N Kugeln,

sagt Schneider und beginnt dabei, eine Formel an die Tafel zu schreiben, wir müssen zwei Fälle unterscheiden, sagt er, mit zurücklegen – nein, das sollte ein *k* sein, einen Moment – und ohne zurücklegen.

Ich kann nicht glauben, was ich hier sehe. Die Ameisen um mich herum schreiben jedes einzelne Wort mit, als ob sie noch nie etwas davon gehört hätten. Ich drehe mich zu Nick, der ist in bester Knockout-Stellung. Ich schalte auf vollsynchron, lege den Kopf auf den Tisch und schließe die Augen. Dann verwandelt sich mein Schädel in eine Urne. Und in dieser Urne schwirren folgende, fein säuberlich nummerierte Elemente herum: ein Haus im Dr. Ritterweg 5, eine Sauna, eine Terrasse, ein Holzliegestuhl, ein weißer Bikini, ein Bademantel, eine langbeinige Petra Hoffmann und ich, Fred Becker. Dann fange ich an zu ziehen. Ohne zurücklegen.

28

Es ist Dienstagnachmittag, Nick und ich hängen bei mir in der Bude ab. Seit Ewigkeiten ist der mal wieder alleine hier, die ganze Zeit hängt der nur noch mit Anke ab, im Ameisenumerziehungslager. Mein Blick klebt auf dem Tütenrauch über mir. Als ich zwölf war, haben meine Eltern mich auf einen zweiwöchigen Sprachkurs nach England geschickt, Sprachkenntnisse sind wichtig für den Lebenslauf, das kommt gut an bei Siemens und Co. Nürnberg – London also, ich hatte einen Fensterplatz, da habe ich die Wolken zum ersten Mal von oben gesehen, damals wollte ich da unbedingt reinspringen, ich hatte mir das krass weich und wattemäßig vorgestellt. Die Tütenwolke über mir löst sich langsam auf, Ordnung kann ohne Energiezufuhr nicht aufrechterhalten werden, auch das ist der zweite Hauptsatz. Wann ist eigentlich der Abgabetermin für die Facharbeit? Mein Blick fällt auf die Decke über mir, da stehen die Worte *Niemals Ameise*, die haben Nick und ich da irgendwann mal mit rotem Edding draufgeknallt. Niemals Ameise, ja, Mann, so ist das, genau so ist das.

Was geht eigentlich mit Tripster?, fragt Nick. Den habe ich seit Ewigkeiten nicht mehr gesehen.

Nicks Schallwellen bleiben irgendwo zwischen Ohrmuscheln und den Verständnislappen hängen, in meinen

Schaltkreisen herrscht Stau. Die Abgabe der Facharbeit, jetzt erinnere ich mich, die ist nächste Woche, Mann. Und was ist mein Thema? Aber, viel wichtiger, ich brauche Geld, ich brauche unbedingt Geld, es ist noch nicht einmal Mitte Februar und ich bin total abgebrannt.

Was geht denn bei dir, Alter?, fragt Nick, ich zucke zusammen, der hat seinen Fader tierisch hochgeregelt.

Hast du Watte in den Ohren, oder was?, fragt er.

Watte in den Ohren, wovon redet der, Mann?

Dann checke ich – Tripster. Keine Ahnung, was mit dem geht. War der nicht gestern hier? Oder vorgestern? Was war eigentlich gestern? Ich versuche, mich zu erinnern, aber bekomme kein Bild rein. Gestern, vorgestern, letzte Woche, die Tage verschwimmen zu einem farblosen Einheitsbrei, am Wochenende bin ich raven, das ist klar, am Montag kommt Tom und bringt neues Material, aber der Rest, der Rest ist eins, eine große, graue Masse.

Ich zucke mit den Schultern.

Nicht dass dem etwas passiert ist, Alter, sagt Nick.

Auf meinen Bildschirmen taucht Tripster auf, wie der mit dicker Jacke und Wollmütze Richtung Tennenloher Wald zieht, ich muss grinsen.

Wird schon passen, Mann, sage ich. Der hat alles unter Kontrolle.

Alter, sagt Nick, das meinst du nicht im Ernst. Der Tripster hat nichts unter Kontrolle. Der ist doch kurz vor dem Ballermann.

Ich schließe meine Augen, um akute Überhitzung zu vermeiden. Hat der Typ eigentlich einen Ausknopf? So langsam kotzt mich das grenzwertig an. Das Lästern über Tripster, das Herumgemache an mir, der nicht enden wollende Antidrogenfilm. Dabei knallt Nick sich doch selber eine Tüte nach der anderen rein, Mann. Dabei kriegt er doch die Schule nicht auf die Reihe und nicht ich.

Der ist doch total weich in der Birne, Alter, sagt Nick. Und dann taucht der plötzlich nicht mehr auf. Der war sicher schon eine Woche nicht mehr hier.

Was bist du denn jetzt auf diesem Mami-Film, sage ich. Normalerweise interessiert dich der Tripster doch überhaupt nicht.

Lass doch mal sehen, ob die unten was wissen, sagt Nick.

Ich schüttle den Kopf. Nach unten, in den zweiten Stock, in die WG vom Tripster, das ist das Letzte, was ich jetzt brauche. Die Typen da unten, die bringen mein Stimmungsbarometer mit Überschallgeschwindigkeit Richtung Nullpunkt.

Mach dich mal locker, Mann, sage ich. Der Tripster kann selber auf sich aufpassen.

Tripster läuft weder Mittwoch noch Donnerstag hier ein, Nicks Nervositätsnadel ist ständig am Steigen, am Donnerstagabend hat er mich soweit.

Okay, Mann, sage ich, dann checken wir da jetzt hin. Aber vorher ziehen wir uns eine anständige Tüte, ich deute auf den Haufen Gras auf dem Teppich vor uns. Ansonsten verkrafte ich die Typen da unten nicht.

An der Tür von denen hängt ein Poster von Alice Cooper, der sieht komplett gehirnentkernt aus. Die Musik, die schon vom Aufzug aus zu hören ist, passt perfekt zu diesem Gesicht. Das ist Metallschrott in Reinstform. Ich bringe das jetzt so schnell wie möglich hinter mich. Ich klingele.

Die Tür geht auf, vor uns steht der Dicke, einer der beiden Mitbewohner von Tripster, ein kleiner, tonnenartiger Typ mit kinnlangen, fettigen Haaren, die ihm vorne schräg über die eine Gesichtshälfte hängen. Dazu schwarze Baggy Pants, in die selbst der Dicke zweimal passen würde. Sein Gesichtsausdruck ist noch benebelter, als ich den in Erinnerung hatte, wahrscheinlich ist der schon wieder komplett abgefüllt, Mann.

Der verläuft sich doch auf dem Weg vom Wohnzimmer zum Pissen, hat Mische einmal gesagt.

Ich schließe meine Augen, kurz darauf schwebe ich über einem riesigen, blau-weiß gestreiften Ameisenhaufen. Ich zücke mein Megaphon: Alle herhören, sofort. Jeder, der immer noch behauptet, dass Piece schädlicher ist als Alkohol, der kommt sofort nach Erlangen, in die Gerhart-Hauptmann-Straße 11 und sieht sich den Zoo im zweiten Stock an. Ich schalte das Megaphon aus und atme tief durch.

Eyyy, sagt der Dicke, und schnauft dabei walrossmäßig. Dann schiebt er mir seine Hand zum High-Five hin. Immerhin erkennt er mich. Ich schlage ein.

Ist der Tripster da, Mann?, frage ich.

Der Dicke schaut mich an, als ob mein Kehlkopf Hieroglyphen emittieren würde.

Wenn der Typ die Mittlere Reife packt, hat Mische gesagt, dann lecke ich der Messner die Spinnweben persönlich von der Möse, ich schwöre. Und darauf haben Nick und ich mit Mische sofort eingeschlagen.

Der Dicke peilt immer noch nicht, was wir von ihm wollen.

Der Hans, sagt Nick, ist der Hans da?

Das Gesicht vom Dicken hellt sich auf.

Jaaaa, sagt er langsam. Dann ziehen sich seine Augenbrauen zusammen. Aber der ist komisch drauf, sagt er.

Mein Blick klebt auf dem Dicken.

Der hat sich in sein Zimmer eingeschlossen und kommt da nicht raus, sagt der Dicke dann.

Was?, Nicks Stimme springt auf Hochfrequenzvibration.

Wir machen ein paar Schritte in die Wohnung. Im Flur liegen Bierflaschen und Coladosen und Pizzakartons, es riecht nach ausgelaufenem Bier. Links ist das Wohnzimmer, da sitzen Andi und irgendein anderer Typ im Schneidersitz auf dem Boden, beide mit schwarzen Lederhosen und an den Schultern abgeschnittenen T-Shirts, die schlafen wahrscheinlich in dieser Kluft. Vor ihnen steht eine Flasche Jim Beam. Andi zupft an den Seiten seiner Gitarre, aber das geht im Sound der Anlage unter, der Typ neben Andi ist am Headbangen und macht dabei den Satansgruß zur Anlage, der denkt wohl, er ist auf einem Konzert, oder was.

Andi dreht seinen Kopf zu mir, seine Haare verdecken die komplette linke Hälfte seines Gesichts, jetzt checke ich, wo der Dicke sich das abgeschaut hat.

Hey Fred, ruft Andi und glotzt für einige Sekunden in meine Richtung.

Dann nickt er zu der Jim Beam-Flasche.

Bock auf einen Shot?, ruft er.

Ein zwei Tonnen schweres Gewicht heftet sich an meinen Schwerpunkt. Ich schüttle den Kopf. Danke, Mann, rufe ich und versuche, meiner Gesichtsmuskulatur ein Grinsen abzupressen. Aber das Gewicht ist zu schwer. Ich schließe die Augen. Was für ein Film, Mann. Und vor kurzem war ich noch genauso drauf wie die. Pantera, Metallica, Motörhead, die ganze Zeit habe ich mir damals diesen Schrott reingefahren. *Revenge, I'm screaming revenge again. Wrong, I've been wrong for far too long. Been constantly so frustrated.* Dosenbier und Jimmy von morgens bis abends, Moshen, Schotten, Abkotzen, das sind die Pendelbewegungen des Rockers. Und ich war ein krasser Rocker, Mann. Aber die Zeiten sind bei mir schon lange vorbei. Da bin ich doch schon meilenweit von entfernt. Und was mich umhaut, ist, dass die voll auf diesem Film hängengeblieben sind. Vor zwei Jahren waren die exakt so drauf wie jetzt, und wenn ich in zwei Jahren wiederkomme, dann sind die immer noch so drauf. Die sollten sich mit den Faitacher Hausfrauen zusammentun. Ich drehe mich um und mache zwei Schritte zu Tripsters Zimmer. Da steht Nick mit dem Dicken, der zeigt gerade mit seinen Fingern auf einen Zettel, der von außen an der verschlossenen Tür befestigt ist.

HALT!
KEINEN SCHRITT WEITER
JEGLICHE FORM DER KONTAKTAUFNAHME
IST ZU UNTERLASSEN

Ich schaue auf den Zettel und dann zum Dicken. Der ist am Schnaufen.

Ich habe es doch gewusst, höre ich Nick murmeln. *Jegliche Form der Kontaktaufnahme ist zu unterlassen.* Was geht denn mit dem ab, Mann? Ich klopfe an die Tür.

Keine Reaktion.

Vergiss es, sagt der Dicke und schüttelt den Kopf.

Ich klopfe noch einmal.

Tripster, rufe ich. Ich bin es, Fred. Wieder keine Reaktion.

Der dreht durch, sagt Nick leise.

Ich drehe mich zu Nick. Der sieht aus, als ob er gleich losflennen würde.

Krieg dich mal ein, Mann, sage ich.

Ich drücke den Türgriff nach unten, aber die Tür ist abgeschlossen.

Ich klopfe. Ich rufe. Nichts.

Ich schaue zum Dicken, für einen Moment fällt mein Blick auf Andi, der hat sich gerade den Jimmy an den Mund geschoben, der Typ neben ihm macht immer noch den Satansgruß zur Anlage, die sind echt komplett hängengeblieben.

Wie lang ist der da schon drin?, frage ich.

Der Dicke glotzt mich an, als ob ich ihn gebeten hätte, mir ein Referat über den zweiten Hauptsatz zu geben. Relativ zu dem und den ganzen anderen Rockern bewegt sich mein Inertialsystem doch mit Lichtgeschwindigkeit, Mann.

Weiß ich auch nicht, sagt er dann.

Der Dicke braucht mindestens zehn Sekunden für diese Antwort, und auf einmal checke ich, dass der in Wirklichkeit noch viel langsamer ist. Das ist Zeitdilatation, Mann. Und genau deshalb hängen der Miegel und der Andi und die ganzen anderen Typen schon seit einer Unendlichkeit in diesem energetischen Minimum fest.

Der Dicke glotzt mich immer noch amöbenmäßig an, auf seiner Stirn bilden sich zwei Falten.

Vielleicht fünf Tage, sagt er dann.

Fünf Tage!, kreischt Nick. Der ist da seit fünf Tagen drin und kommt nicht raus?

Die Falten auf der Stirn vom Dicken werden immer größer.

Vielleicht auch länger, sagt er dann. Er dreht sich zum Wohnzimmer.

Aaandi, ruft er und schnaubt schon wieder, als ob er gleich explodieren würde. Wie lange ist Hans da schon drin?

Andi hat gerade die Flasche abgesetzt und wischt sich mit dem Handrücken über den Mund. Dann schüttelt er sich die Haare aus dem Gesicht. Er öffnet seinen Mund, aber statt etwas zu sagen, macht er auf Schnappatmung. Kurz darauf schwingt ein tierisch ausgedehnter Rülpser aus seiner Kehle in unsere Richtung. Der andere Typ glotzt Andi für einige Sekunden an, der kriegt sich kaum noch ein vor Bewunderung. Dann übernimmt er die Flasche und setzt an.

Vielleicht eine Woche, ruft Andi. Aber zum Schiffen kommt der nachts raus, das wette ich, Andi lacht.

Meine Temperaturfühler fangen an zu vibrieren. Eine Woche. Das kann doch nicht sein, Mann.

Vielleicht ist der da gar nicht drin, sage ich.

Ich klopfe noch einmal gegen die Tür.

Verdammt, Tripster, rufe ich, bist du da?

Nichts zu hören.

Ich drücke den Türgriff noch einmal nach unten, das Teil ist dicht, aber in dem Moment höre ich ein Rascheln aus dem Zimmer.

Der ist da drin, sage ich zum Dicken. Ich klopfe gegen die Tür, fester.

Das sind die Drogen, Alter, sagt Nick. Ich wusste, dass das nicht gut geht.

Dieser Ameisenschrott haut bei mir drei Sicherungen gleichzeitig raus.

Jetzt krieg dich mal ein, Mann, brülle ich. Nick zuckt

zusammen und schaut mich erschrocken an, und irgendwie holt mich das sofort runter.

Sorry, Mann, sage ich und lege meinen Arm über seine Schulter, aber du bist tierisch am Stressen. Fehlt nur, dass Anke noch einläuft. Ich drehe mich wieder zur Tür.

Mann, Tripster, rufe ich, was soll der Scheiß, meine Stimme gibt jetzt richtig Dampf. Mach auf jetzt. Ich packe den Griff und rüttele an der Tür.

Nichts.

Ich ziehe hier nicht ab, bevor du aufmachst, rufe ich.

Dann fange ich an, die Tür mit der Faust zu bearbeiten: Mach jetzt auf – mach jetzt auf – mach jetzt auf.

Hey, was macht ihr für eine Welle, ruft Andi aus dem Zimmer. Lasst den doch mal in Ruhe.

Mir ist scheißegal, was Andi sagt. Der hat doch keine Ahnung, Mann. Ich will da jetzt rein.

Ich drehe den Regler weiter nach oben.

Aufmachen, schreie ich und hämmere jetzt mit beiden Fäusten gleichzeitig gegen die Tür. Aufmachen – aufmachen – aufmachen.

Ich höre Schritte, ich höre den Schlüssel im Schloss, dann geht die Tür langsam auf. Vor mir steht Tripster. Und ich fühle mich, als ob die da oben eine Riesenladung minus eins durch meine Leitungen gepumpt hätten. Ich schnalle nämlich sofort, dass es überhaupt kein Problem mit Tripster gibt. Der hat zwar einen Gesichtsausdruck drauf, als ob er gerade irgendwo auf dem Mars unterwegs wäre, aber diesen Gesichtsausdruck kenne ich gut. Bei Tripster ist alles in Ordnung, Mann. Und ich habe null Ahnung, was wir hier eigentlich machen.

Hey Tripster, sagt Nick. Was geht denn mit dir, Alter?

Tripsters Antennen sind nicht auf Empfang. Der steht

da und starrt uns an, und ich weiß, dass der gerade ganz woanders unterwegs ist. Warum habe ich mich von Nick so aufstacheln lassen, Mann? Warum habe ich hier so eine verdammte Show abgezogen? Wir hätten den in Ruhe lassen sollen. Kann sich doch jeder einmal ausklinken, da ist doch nichts dabei.

Tripster atmet mehrmals tief ein und wieder aus, dann schließt er seine Augen.

Nick schiebt seinen Mund an mein Ohr. Der ist total durchgeknallt, Alter, flüstert er und deutet dabei mit dem Zeigefinger an seine Stirn. Der hat doch keine Ahnung, Mann. Ich drehe mich wieder zu Tripster. Jetzt checke ich, dass dem sein Zimmer komplett abgedunkelt ist. Seinen kleinen Holztisch mit Stuhl hat er in die Mitte seines Zimmers geschoben, auf dem Tisch stehen zwei brennende Kerzen. Vor den Kerzen liegen ein Stapel Papier und Stifte. Dann sehe ich die Blätter, überall auf dem Boden liegen Blätter Papier herum. Auch hier, direkt vor der Tür. Ich bücke mich und schnappe mir eins von den Teilen. Es dauert einen Moment, dann kapiere ich, dass das ein Gesicht ist. Das ist kaum zu erkennen, das ist eine ziemliche Fratze mit einem riesigen Mund. Nick greift das Blatt, ich schaue zu Tripster, der steht immer noch mit geschlossenen Augen da. Ich gehe in die Hocke und sehe mir mehr von den Teilen an. Fratzen, überall Fratzen, der ganze Boden ist mit schreienden und lachenden Fratzen bedeckt. Keine Ahnung, was das soll. Da öffnet Tripster die Augen und schaut mich für einige Sekunden an. Dann deutet er mit seinem Zeigefinger auf den Zettel, der an der Tür befestigt ist. *Jegliche Form der Kontaktaufnahme ist zu unterlassen.* Tripster tritt einen Schritt zurück und schließt die Tür. Ich höre, wie er den Schlüssel umdreht.

Keine Frage, dass Tripster seinen Boden mit Fratzen bedeckt hat, ist schon schräg. Aber wirklich nervös macht mich das nicht.

Der muss nur mal abkühlen, sage ich zu Nick, dann wird das schon wieder.

Aber Nick steckt die Sache noch am gleichen Abend seiner Ameisenfreundin, und die drückt dem doch glatt, dass Tripster einen schizophrenen Anfall hätte. Kurz darauf klingelt bei mir das Telefon.

Alter, wir müssen einen Arzt rufen, sagt Nick. Ansonsten machen wir uns strafbar. Das ist, als ob jemand blutend auf der Straße liegt, und wir daran vorbeilaufen.

So ein tierischer Schwachsinn, sage ich und lache laut los. Das hast du doch nur von Anke. Und die hat doch null Ahnung. Schizophrenie, das ist etwas ganz anderes, Mann. Der Tripster ist doch nicht durchgeknallt.

29

Da ist dieser Ton, irgendwo, kilometerweit entfernt von mir. Ich liege auf meiner Matratze, eben noch habe ich den Rauch der gläsernen Schönheit durch meine Leitungen gepumpt, den ganzen Nachmittag pumpe ich den Rauch durch meine Leitungen, in meiner Birne herrscht Dauernebel, mein Motorkortex ist komplett lahmgelegt, und irgendwie bin ich dauernd halb am Flennen. Der Ton wird lauter, das ist die Klingel, ja, jetzt checke ich das, da ist jemand an der Tür, Mann, aber ich kann mich nicht bewegen jetzt. Warum dieses Flennen, was soll das, voll aus dem Nichts schaltet die Nadel meines Stimmungsbarometers auf Sturzflug, keine Ahnung, was da geht. Der Klingelton mutiert zu einem penetranten Dauerton. Das ist ja nicht auszuhalten, Mann. Ich aktiviere den Notfallgenerator und drücke mich hoch.

Vor mir steht der Dicke und schnauft.

Die haben den gerade abgeholt, sagt er.

Abgeholt – die Worte vom Dicken schwingen im Schneckentempo durch das Neuronendickicht in meinem Schädel. Dann lichtet sich der Nebel, dann springt alles in mir auf einen neuen Energiezustand. Gestern, ja, da standen wir vor Tripsters Tür. Der Dicke meint doch jetzt nicht, der will mir doch nicht sagen, nein, das verstehe ich falsch, ganz sicher verstehe ich das falsch, ich ziehe den Dicken in die Wohnung und knalle die Tür mit dem Fuß zu.

Wer hat ihn abgeholt?, frage ich.

Der Dicke glotzt mich mit einem 1-A Sonderschulgesicht an, aber sagt keinen Ton.

Wer hat ihn abgeholt?, frage ich noch einmal.

Die Augenbrauen vom Dicken ziehen sich zusammen.

Die Typen von der Klapse, sagt er dann.

Verdammt, sage ich, warum denn das, Mann?

Die Eltern vom Hans, schnauft der Dicke und schüttelt dabei seinen Kopf. Die sind heute früh einfach so aufgetaucht.

In meiner Birne ist jetzt alles glasklar, jeder einzelne meiner Wahrnehmungsrezeptoren ist auf Vollempfang gestellt.

Die Mutter vom Hans hat die ganze Zeit geweint, sagt der Dicke. Der Vater hat den Zettel gelesen, dann hat er uns gefragt, wie lange Hans da schon drin ist. Dann ist er zum Telefon gegangen. Eine halbe Stunde später kamen die dann, der Dicke spricht jetzt langsam und sieht aus, als ob er die Invasion der Marsmännchen beobachtet hätte.

Das war wie im Film, sagt er dann. Zwei Typen mit weißen Anzügen und einer Bahre. Eine Bahre, wiederholt der Dicke und schüttelt ungläubig den Kopf. Dann haben die Andi und mich alle möglichen Sachen gefragt, sagt er.

Was haben die denn gefragt?, frage ich.

Der Dicke schaut mich für einige Sekunden an, ohne etwas zu sagen.

Wie lange Hans da schon drin ist, sagt er dann. Ob er sich schon öfters eingesperrt hat. Ob er geschrien hätte. Und, der Dicke macht eine Pause und schnauft, ob er Drogen nimmt, sagt er dann.

Drogen, wiederhole ich, das haben die gefragt, Mann?

Der Dicke nickt.

Dann hat der eine von denen am Schloss herumgemacht und ist rein, sagt er. Die Mutter vom Hans wollte gleich hinterher, aber der andere hat die festgehalten. Und nach zehn Minuten kam der mit Hans raus. Und dann ist Hans mit den beiden und seinen Eltern rausgelaufen, sagt der Dicke und schüttelt dabei seinen Kopf. Der hat uns nicht einmal angeschaut.

Der Dicke macht eine seiner Schnaufpausen, und ich checke, dass der noch nie so viel am Stück geredet hat. Aber das ist auch ein krasser Film. Tripster in der Klapse, ich fühle mich, als ob die da oben die Gravitationskraft ausgeschaltet hätten, Mann, jetzt knallt es mich voll durch den Raum.

Vielleicht ist das ja gar nicht so schlecht für Hans, sagt der Dicke. Der war ja schon ziemlich durchgeknallt.

Durchgeknallt, denke ich mir, was erzählst du da? Ich fixiere den Dicken.

Das hat Andi auch gesagt, sagt der Dicke und nickt dabei mit dem Kopf. Jeder, der Hans kennt, hat das gesagt.

Wenn der jetzt nicht sofort aufhört mit diesem Ameisenpropagandatext, dann knallt es bei mir die Sicherungen raus, Mann.

Der ist da schon gut aufgehoben in der Klapse, sagt der Dicke. Das sagt auch –

Gut aufgehoben, fauche ich und packe den Dicken. So ein krasser Schwachsinn, Mann. Was weißt du denn?, ich schüttle den Dicken. Du hast doch null Plan, Mann, meine Stimme wird lauter. Der Tripster ist total klar im Kopf, Mann, total klar ist der. Ich kenne niemanden, der so einen Durchblick hat. Und den verfrachten die in die

Klapse. Ich schüttle den Dicken immer heftiger, aber in diesem Moment sehe ich sein erschrockenes Gesicht. Und plötzlich tut mir der Dicke tierisch leid. Ich lasse ihn los. Der kann doch nichts dafür, Mann. Der kann doch überhaupt nichts dafür.

Tut mir leid, Mann, sage ich und will meine Hand auf seine Schulter legen.

Der Dicke zuckt zusammen und bewegt sich ruckartig einen Schritt nach hinten.

Tut mir echt leid, Mann, sage ich noch einmal.

Der Dicke sagt nichts. Dann dreht er sich um und zieht los.

Ein paar Tage nach der Sache mit Tripster sitzen Nick und ich im Bus zur Kopfklinik, wir fahren zu Tripster, wir wollen checken, was Sache ist. Nick hat die Tage tierisch Druck gemacht, der wollte gleich am Sonntag oder Montag hinfahren, dabei weiß der doch ganz genau, dass ich am Wochenende raven bin, und montags direkt in die Klapse, das geht echt nicht. Ich drehe mich zu Nick, der sieht aus dem Fenster, draußen ist es grau und regnet, seit Wochen ist es grau und regnet, das zieht mich mächtig runter. Dann checke ich, dass Nick schon wieder diesen besorgten Ameisengesichtsausdruck drauf hat. Seit die den Tripster abgeholt haben, emittiert Nick nur noch so eine Stimmung. Und das geht mir gewaltig auf die Nerven.

Was geht denn schon wieder bei dir, Mann, sage ich. Du guckst, als ob wir zu Tripsters Beerdigung fahren würden.

Nick schaut mich schweigend an.

So ungefähr ist das doch auch, sagt er. Dann dreht er sich wieder zum Fenster.

Am Empfang steht eine schwarzhaarige Frau, die mich sofort an Petra Hoffmann erinnert. Hans Haller, wiederholt sie und bewegt ihre rotlackierten Fingernägel durch einen Stapel Karteikarten, mein Blick klebt auf ihrem Ausschnitt, meine Phantasielappen gehen auf Sendung. Die Frau zieht eine Karteikarte aus dem Kasten, hebt ihren Kopf und sieht mich an. Kommst du bitte einmal mit, sagt sie dann zu mir. Wir laufen einen langen Gang entlang, ich laufe dicht neben ihr, aus den Augenwinkeln kann ich ihr Gesicht sehen, ich rieche ihr Parfum. Am Ende des Gangs bleibt sie stehen und öffnet die Tür zu einem Zimmer. Hier stört uns niemand, sagt sie und lächelt. Dann zieht sie mich in das Zimmer und schließt die Tür hinter uns ab.

Hans Haller, wiederholt die Frau noch einmal, und nimmt dabei ihre Finger von den Karteikarten, den gibt es hier nicht. Sie schüttelt den Kopf.

Aber das ist doch die Kopfklinik hier?, frage ich.

Die Frau nickt.

Dann muss der hier sein, sagt Nick. Der wurde am Freitag eingeliefert.

Eingeliefert, denke ich mir, das ist doch die reinste Ameisensprache, Mann.

Ach, sagt die Frau überrascht, so ist das? Das ist etwas anderes. Einen Moment, sagt sie, und verschwindet in einem kleinen Raum hinter der Rezeption. Kurz darauf steht sie wieder vor uns.

Jetzt habe ich ihn gefunden, sagt sie. Hans Haller ist in der geschlossenen psychiatrischen Abteilung.

Geschlossene psychiatrische Abteilung?, wiederholt Nick und schaut mich erschrocken an.

Dort kann er die ersten sechs Wochen keinen Besuch empfangen, sagt die Frau.

Die ersten sechs Wochen?, wiederhole ich.

Alter, sagt Nick und schüttelt seinen Kopf, ist das heftig.

Was soll denn das, platzt es aus mir heraus. Sie können den doch nicht einfach wegsperren, Mann. Das können sie doch nicht bringen.

Alter, sagt Nick und wedelt mit seiner Hand beruhigend vor meinem Gesicht. Aber meine Motoren kommen gerade erst ins Laufen.

Das ist doch ein Scheißsystem, sage ich. Wenn jemand keine Ameise ist, dann wird er weggesperrt, oder was? Wenn jemand nicht –

Was glaubst du eigentlich, wo du hier bist, unterbricht mich die Frau, ihre Stimme ist jetzt laut und hart. Das ist kein Ferienheim. Und dein Freund ist nicht zum Spaß hier. Sie macht eine Pause.

Euer Freund hat ein ernsthaftes Problem, sagt sie dann, und er braucht jetzt Ruhe. Und ich muss jetzt wieder arbeiten. Ihr seid schließlich nicht alleine auf dieser Welt, auch wenn ihr das denkt.

30

Nick und ich stehen auf dem Raucherhof, gerade hat es zum zweiten Mal geläutet, die Ameisen kriechen Richtung Klassenräume.

Du kannst so nicht weitermachen, sagt Nick und schüttelt dabei den Kopf. Dann zieht er an seiner Zigarette.

Ich stelle mich auf stumm, ich kann nicht glauben, dass der schon wieder damit anfängt.

Alter, sagt Nick, schau dir doch mal an, wie das mit Tripster gelaufen ist.

Tripster, denke ich mir, den habe ich ja total vergessen, Mann. Den haben die einfach weggesperrt. Wie lange ist das eigentlich schon her?

Den hat es da oben doch total ausgehebelt, sagt Nick und wackelt dabei mit den Händen vor seinem Kopf herum, der ist doch total durchgeknallt. Nick zieht an seiner Zigarette, seine Augen gehen auf Weitwinkelmodus, dann schiebt er den Fader nach unten.

Alter, flüstert er, der sitzt jetzt in der Klapse. Superweitwinkelmodus. So wie Nick gerade drauf ist, könnte der direkt bei den Wachturmtypen anheuern, die immer vor dem Kaufhof herumstehen.

Das ist alles zu krass, sagt Nick.

Ich fingere mir eine Zigarette aus der Schachtel und

gebe Feuer. Ich checke nicht, warum der mir jetzt schon wieder diesen Text gibt. Um Tripster ging es mir doch gar nicht, Mann. Mir ging es doch um ihn, um Nick. Der schwingt mittlerweile auf bester Ameisenfrequenz, und das habe ich ihm endlich einmal gesteckt. Ich kann mich überhaupt nicht mehr daran erinnern, wann der das letzte Mal mit im Boot war, oder im Belly. Und auch sonst ist der komplett auf Ultraweichspülgang getaktet. Gestern, da hatten wir am Nachmittag Sport, da habe ich ihm gesagt, dass ich davor noch eine ziehe. Ich habe richtig guten Pep, Mann, habe ich gesagt. Vor ein paar Monaten wäre Nick da noch voll dabei gewesen. Und gestern? Da schüttelte er nur seinen Kopf und faselte irgendwas, dass das nicht sein müsse, dass er das nicht brauche. Und auf einmal wusste ich nicht mehr, ob Nick oder Thorsten vor mir steht. Echt, Mann, keine Ahnung. Mit den Ameisen ist es nämlich wie mit allen anderen Elementarteilchen: die sind ununterscheidbar. Und wenn Nick jetzt noch mit dem Kiffen aufhört, dann schenke ich ihm eine dieser randlosen Brillen und dazu ein Jahresabo im Tennisclub von Thorsten und seinem Vater.

Was kommst du mir jetzt mit dem Tripster, Mann, sage ich. Der hat doch gar nichts damit zu tun. Ich mache eine Pause und pumpe mir die Lunge bis zum Anschlag mit Rauch voll. Das Ganze hier kotzt mich mächtig an. Das gebe ich mir nicht länger. Nick soll doch machen, was er will, Mann.

Ich finde es ja auch krass, dass die den Tripster weggesperrt haben, sage ich.

Weggesperrt?, unterbricht mich Nick. Alter, kapierst du überhaupt, was da geht? Tripster, sagt er und senkt seine Stimme schon wieder, der ist in der geschlossenen psychiatrischen Anstalt. Bei dem spielt es da oben gewaltig verrückt.

Jetzt steigere dich da mal nicht rein, Mann, sage ich. Der Tripster ist total klar im Schädel.

Nick starrt mich ungläubig an.

Und du, fragt Nick dann, du bist auch klar im Schädel?

Was soll denn der Scheiß?, frage ich.

Denk doch mal an letzte Woche, Alter, sagt Nick. Oder die Woche davor.

Letzte Woche, die Woche davor, keine Ahnung, was der meint. In diesem Moment wird auf meinen Leitungen das Bild- und Tonmaterial vom Wochenende eingespielt. Und das war transzendental. Micha X3 hat unten ein monstermäßiges Set durchgezogen, ich war auf Mitsubishis unterwegs, und die Teile haben meine Drehzahlmesser präzise in den tiefgrünen Bereich geschoben und dort gehalten. Stundenlanges Raven, das ist wie Rutschen auf einem kilometerlangen Regenbogen. Tom sitzt wippend auf einer der Boxen, Natalie und ich sind auf der Tanzfläche und starten raketenmäßig durch.

Du weißt gar nicht, was du letztes Wochenende verpasst hast, Mann, sage ich und mache dazu einige Wellenbewegungen mit der Hand. Das war mächtig.

Nick starrt mich immer noch an.

Alter, sagt er, hast du total vergessen, wie du letzten Montag drauf warst?

Letzten Montag, ich schüttle den Kopf, keine Ahnung, was da war, keine Ahnung, was das schon wieder soll.

Da hast du den ganzen Tag geweint, sagt Nick und legt mir die Hand auf den Rücken. Ich mache mir Sorgen um dich, Alter.

Was soll der Scheiß, Mann, sage ich und schiebe Nicks

Hand weg. Ich ziehe noch einmal von der Zigarette, dann schnippe ich das Teil in den Parabelflug.

Du bist voll auf diesem Ameisenfilm hängengeblieben, Mann, sage ich. Dann drehe ich mich um und ziehe los.

31

Es ist Sonntagmorgen, es ist Mitte März, ich stehe auf dem Deck vom Boot, zum ersten Mal in diesem Jahr haben die das aufgemacht. Es ist nicht viel los hier auf dem Deck, es ist noch zu kalt. Ein paar Meter entfernt von mir sitzen zwei Mädchen, die eine ist tierisch weiß im Gesicht, als ob sie gerade gekotzt hätte. Aus den Lautsprechern wird die Musik von unten eingespielt, fröhliche Housewellen sind das, die mir da entgegenschwappen, wie immer sonntagmorgens. Ich bin dieses Wochenende wieder alleine losgezogen, ohne Natalie, seit Wochen ziehe ich alleine los. Kurz nachdem die Tripster weggesperrt hatten, kam Natalie auf einmal mit diesen Buddha-Sprüchen an. Sie könne jetzt nicht mehr so oft raven gehen, hat sie gesagt. Da würde sie sich von sich selbst entfernen. Da wäre sie nicht bei sich. Da würde sie den Kontakt zu sich verlieren. Und und und, keine Ahnung, warum man sich beim Raven verlieren sollte, da ist doch das Gegenteil der Fall. Auf jeden Fall ist Natalie seitdem kein einziges Mal mehr mit raven gegangen. Wahrscheinlich verbringt die jetzt die Wochenenden mit Räucherstäbchen daheim und meditiert, Mann.

Ich zünde mir eine frische Zigarette an und stütze mich auf die Reling. Auf dem Weg vor dem Boot läuft ein Typ mit Frau und Kinderwagen, die machen ihren insektenmäßigen Sonntagsspaziergang. Der Typ bleibt stehen und glotzt mich an. Der wundert sich sicher, was hier geht. Alle, die hier vorbeikommen, wundern sich, die hören den Sound, die sehen uns Raver, aber die haben keine Ahnung, was für ein Film hier läuft. Mein Blick klebt auf dem Typen. Ich weiß genau, was du für ein Leben führst, Mann. Du bist nichts weiter als eine Ameise. Plötzlich bekomme ich tierisch Lust, da runterzulaufen, den an seinem Insektenkragen zu packen und ihn dann kopfüber in den Boden zu versenken. Typen wie der sind doch schuld, dass wir in so einer Ameisenwelt leben. Und wenn die sich nicht von alleine auflösen, dann muss man doch etwas machen. Ich nehme noch einen Zug von meiner Zigarette, dann schnippe ich das Teil ins Wasser. In diesem Moment taucht Tom neben mir auf.

Hey Fred, sagt Tom und hält mir die Hand zum Einschlagen hin. Tom sieht schon wieder so krass lässig und frisch aus, dabei war der doch auch die ganze Nacht hier, dem seine Energiespeicher sollten doch genauso angeschlagen sein wie meine, wie macht der das? Ich bin froh, dass Tom hier einläuft. Seit ich samstags alleine losziehe, hänge ich immer mehr mit ihm ab. Sonntagfrüh nach einer durchtanzten Nacht, da schalte ich einen Gang runter und sehe mich nach Tom um. Der hängt um diese Zeit fast immer auf einer der Boxen neben der Tanzfläche ab und wippt da zur Musik.

Bock auf eine Tüte?, fragt Tom.

Klar, Mann, sage ich.

Tom zieht eine von seinen Vorgedrehten aus einer Schachtel, dann stützen wir uns auf die Reling und schauen auf das Ufer. Die Ameisen sind verschwunden, ich fühle mich gut. Tom schiebt mir das Teil hin, ich lasse den Rauch in meine Lunge fließen und schließe die Augen.

Komm mal mit, sagt Tom irgendwann.

Ich laufe hinter Tom her, keine Ahnung, was der Plan ist, aber das ist mir auch egal. Wir kommen in die Lounge, es ist angenehm warm hier, der Sound ist gut, und trotzdem will ich weiter. Sonntagmorgen, unten im Boot sind da noch alle am Raven, unten ist da noch richtig Stimmung, aber hier, in der Lounge, da liegen die schon alle herum und stieren gegen die Wände, blass und kraftlos sehen die aus, als ob kein Leben in ihren Körpern wäre.

Tom läuft weiter Richtung Eingang, vor der Kasse bleibt er stehen, nickt dem Typen an der Kasse zu, der dreht sich um und klopft gegen die Wand. Jetzt checke ich, dass da eine Tür ist, krass, Mann, seit Monaten bin ich jedes Wochenende hier, aber diese Tür habe ich noch nie gesehen. Es dauert einen Moment, dann geht die Tür einen kleinen Spalt breit nach innen auf.

Ich bin es, sagt Tom, mit einem Freund. Und diese drei Worte knallen meine Stimmungsnadel auf Anschlag.

Der Typ, der uns jetzt von innen aufmacht, ist groß und dünn. Er trägt eine auf Kniehöhe abgeschnittene Jeans und ein schwarzes langärmeliges Shirt, auf dem auf der Vorderseite grellgrüne Kreismuster aufgedruckt sind. Er nickt uns rein, drückt sofort die Tür hinter uns zu und schließt zweimal ab. An der einen Seite des Raumes ist eine Sitzecke mit Tisch und Holzbank, an der anderen ein großes Ruder aus Holz, daneben auf dem Boden stehen eine Anlage und drei oben zugebundene Plastiktüten. Wir sind im Steuerraum vom Boot. Die Fenster sind mit Vorhängen zugezogen. Die Musik, die hier aus den Boxen schwingt, ist viel härter als unten. Über der Tür ist mit schwarzen Buchstaben ein Schriftzug auf das braune Holz geklebt. *No Regret.* Ich starre auf den Schriftzug, irgendwann checke ich es und muss grinsen. Ja, Mann, denke ich mir. Genau so ist das. Knallhart feiern. No regret. Genial.

Der Typ steht vor mir und fixiert mich. In meinem Schädel drehen sich zwanzig Liter Gelatine, oder ist das die Tüte von Tom, das war zu viel, auf jeden Fall könnte ich mich jetzt auch direkt ablegen. Der Typ beäugt mich immer noch, dann entspannt sich sein Gesichtsausdruck.

Uwe, sagt er, und grinst, und hält mir die Hand zum Einschlagen hin.

Sein Gesicht ist aufgedunsen und fleckig. Rote Flecken, manche bekommen das vom Speed, keine Ahnung, was da geht, ob die das Zeug nicht vertragen, auf jeden Fall kriegen die diese Flecken das ganze Wochenende nicht aus dem Gesicht. Sowieso sieht Uwe ziemlich durch aus. Sonntagvormittag, da haben manche von uns schon die zweite Nacht hinter sich, das sieht man denen dann an. Mein Vater sitzt am Esstisch, die Zähne frisch geputzt, das Hemd glatt gebügelt. Vor ihm liegt das Faitacher Gemeindeblättchen. *Die ersten Tischtennisdamen steigen von der dritten in die zweite Kreisklasse auf. Bürgermeister Schulz spricht sich gegen die südliche Umgehungsstraße aus.* Mein Vater nickt zufrieden. Ich schaue zu Uwe, in sein fleckiges Gesicht, dann zu Tom. Mein Oberkörper wippt zu dem harten Beat. Ich bin tierisch platt, aber ich fühle mich verdammt gut.

Uwe wedelt mit seiner Hand und läuft zur Sitzecke. Jetzt checke ich, dass auf dem Tisch ein Haufen weißes Pulver liegt. Speed oder Koks, keine Ahnung, was das ist. Anscheinend kann man den Unterschied sehen, wenn man Ahnung davon hat, aber von Koks habe ich keine Ahnung, das habe ich nur zweimal gezogen, das war es. Auf jeden Fall habe ich noch nie so einen Haufen gesehen, das sind sicher zehn Gramm oder so. Und das liegt hier einfach so herum. Eine Nase davon wäre genau das, was ich jetzt brauche, Mann.

Uwe zündet sich eine Zigarette an und hält uns die Schachtel hin. Er sitzt entspannt nach hinten gelehnt.

Ich kann nicht glauben, was Micha für ein Set spielt, sagt er dann.

Zum Kotzen, sagt Tom und zieht an, seiner Zigarette.

Kommerzscheiße ist das, sagt Uwe.

Die beiden schauen mich an. Es dauert einen Moment, bis ich checke. Micha, die meinen Micha X3, den DJ, der unten auflegt. Die beiden schauen mich immer noch an, keine Ahnung, was ich sagen soll. Ich ziehe an meiner Zigarette und wippe zur Musik.

Eigentlich sollte ich den sofort rausschmeißen, sagt Uwe. Dann zuckt er mit den Schultern. Auf jeden Fall geht das so nicht weiter, sagt er. Ansonsten kann auch gleich Marusha hier auflegen, er grinst und fängt an zu singen.

Sooomewheeere oooover the raaaainbow, seine Stimme ist quietschig hoch. Tom hält sich die Hände vor die Augen, die beiden lachen.

Uwe nimmt die Plastikkarte, die auf dem Tisch herumliegt, und schiebt sie ruckartig in das weiße Pulver. Dann legt er sich eine Line zurecht. Er macht das mit schnellen, kantigen Bewegungen. Es interessiert mich einen Scheiß, ob ich das Zeug dabei auf dem Tisch verteile, ich habe genug davon, auf genau diese Art macht Uwe das. Sein linker Arm liegt dabei die ganze Zeit auf der Lehne der Bank ausgestreckt, seinen Oberkörper hat er lässig zurückgelehnt, sein Kopf wippt zum Beat. Der Beat – langsam komme ich in den Beat rein, der ist rauer und weniger rhythmisch als unten, aber irgendwie passt der zu Uwe und der Stimmung hier.

Uwe zieht einen Schein aus seinem Geldbeutel, rollt ihn, dann beugt er sich vor und zieht.

Ich will auch, Speed, Koks, es ist mir total egal, was das ist, ich will eine Nase von diesem Zeug ziehen, das ist genau das, was ich jetzt brauche.

Uwe zerknüllt den Schein, mit dem er gerade gezogen hat, dann segelt das Teil vor meinen Augen in den Papierkorb. Ich sehe das, meine Wahrnehmungslappen funktionieren 1-A, und trotzdem können meine Schaltungen das nicht verarbeiten. Mein Blick geht zum Papierkorb, da liegen noch mehr zerknüllte Scheine, was geht denn hier ab? Uwe hat einen Gesichtsausdruck drauf, als ob er gerade am Gipfel des Himalaya angekommen wäre. Tom zieht an seiner Zigarette und grinst. Jetzt schnalle ich, wie geil das ist, der haut sich das Zeug in die Nase und scheißt aufs Geld, voll Symbolik eben.

Da schiebt Uwe mir einen frisch gerollten Schein hin und lacht. Als ob er wüsste, was für ein Film in meinem Schädel flackert.

Hau rein, sagt er.

Das Pulver rieselt durch meine Nase. Das ist Koks, beim Ziehen merke ich das sofort. Drei Takte später knallt es durch. Alle Schalter in meinem Körper werden umgelegt, in meiner Schaltzentrale brechen alle Dämme, meine Synapsen gehen auf Dauerfeuer, Glückshormone fluten meinen Körper. Mein Energiepegel springt auf Maximum.

Mein Oberkörper zuckt zum Beat, was für ein geiler Beat das ist, erst jetzt checke ich das, archaisch und roh klingt das, dazu will ich mit nacktem Oberkörper tanzen. Plötzlich schnalle ich auch, was für einen Weichspülsound Micha da unten auflegt. Da sehe ich, dass Uwe sich schon wieder einen Schein rollt, was geht denn hier ab, der hat doch gerade erst eine gezogen, ich schaue zu Tom, der sitzt entspannt nach hinten gelehnt und wippt zur Musik. Mein Vater liest immer noch das Gemeindeblättchen. *Im Innerort wird ein Heimatmuseum eröffnet ...* wie viel Zeit kann man mit so etwas eigentlich verbringen, warum zählt der nicht gleich die Staubkörner auf dem Teppich? In meinem Schädel spielt alles verrückt. Ich fühle mich gut, ich fühle mich unendlich gut, der Sound turnt mich tierisch an. Ich will tanzen.

Uwe bewegt sich zur Tür, ich habe gar nichts gehört, kurz darauf steht dieses Mädchen im Raum. Sie ist groß und hat einen kahlrasierten Kopf, irgendwo habe ich die schon einmal gesehen. In den Händen hält sie zwei Plastiktüten. Uwe schließt ab, das Mädchen läuft zur Ecke mit den anderen Plastiktüten und stellt die Teile da ab.

Der Wodka ist so gut wie aus, sagt sie, ihre Kiefer sind heftig am Mahlen.

Und ich könnte etwas hiervon vertragen, sagt sie dann und deutet dabei auf den Tisch. Dann dreht sie sich zu mir, und in diesem Moment erkenne ich sie. Die arbeitet unten an der Bar.

Natascha, sagt sie und lächelt, krass nett lächelt sie, und sofort spüre ich wieder diese Verbindung. Wie mit jedem hier auf dem Boot. Überall spüre ich das. Wenn ich vor dem Boot in der Schlange stehe, wenn ich unten tanze, wenn ich an der Bar stehe und eine rauche, egal wo, überall spüre ich es. Wir sind Raver. Wir sind eine Familie. Zusammen zelebrieren wir eine nie enden wollende Party, zusammen tanzen wir, bis wir nicht mehr können, wir tanzen die ganze Nacht, wir tanzen den ganzen Tag, wir tanzen das ganze Wochenende. Wir tanzen und tanzen und tanzen.

Uwe steht mitten im Raum und bewegt sich roboterartig zum Beat.

Ich kläre das mit dem Wodka, sagt er. Dann wedelt er mit der Hand Richtung Tisch.

Bedien dich, sagt er. Dann schiebt er sich zur Anlage und regelt das Teil tierisch hoch.

Am Montag darauf steckt Tom mir, dass Uwe der Besitzer vom Boot ist.

Der hat den Club hier aus dem Nichts hochgezogen, sagt Tom, total visionär. Das Boot lag davor irgendwo in Würzburg herum. Ein runtergekommener Ausflugsdampfer. Da musst du erst einmal auf die Idee kommen, da einen Club draus zu machen. Und dann der ganze Stress mit der Stadt, Tom zieht an der Tüte, die er die ganze Zeit in der Hand hält.

Aber wenn sich Uwe einmal etwas vorgenommen hat, sagt Tom, dann zieht der das auch durch.

32

Es ist Mittwochabend, Mische und ich hängen bei mir in der Bude ab und rauchen Gras. Ich bin noch platt vom Wochenende, das war das härteste seit langem. Den ganzen Sonntag war ich im Steuerraum mit Uwe und Tom, da haben wir mächtige Mengen Koks gezogen, Koks ziehen und tanzen, das war unser Sonntag, irgendwann sind wir dann ins Belly, und da ging es dann genauso weiter. Montagfrüh hat Tom mich dann an meiner Bude abgesetzt. Die Bilder vom Wochenende fließen durch meine Leitungen, Mische erzählt von irgendeiner Frau, die er am Wochenende rumgekriegt hat.

Wenn die auf dir sitzt und dich reitet, sagt Mische und legt dabei sein bestes Alligatorengrinsen auf, dann weißt du, was ein Stierkampf ist.

Mein Blick klebt auf Mische, aber ich lasse seinen Text an mir vorbeirauschen, das alles interessiert genau null Komma null. Und trotzdem bin ich froh, dass Mische hier ist.

Irgendwann klingelt es, vor der Tür stehen Nick und Anke, die waren ja schon ewig nicht mehr hier, Mann. Kurz darauf hängen wir zu viert auf der Matratze ab. Aus den Augenwinkeln sehe ich Nick, ich fühle mich fast wie früher.

Der Typ ist so was von abgefahren, sage ich zu Nick. Gib dir das, Mann, bei dem im Steuerraum liegt immer ein fetter Haufen Koks rum, einfach so. Nicht ein paar Gramm oder so, sondern richtig viel, zehn oder fünfzehn Gramm, ich kreise mit meinen Armen in der Luft, keine Ahnung, wie viel, ist ja auch scheißegal, Mann, tierische Mengen halt. Und jeder, der da ist, zieht so viel wie er Bock hat.

Krass, Alter, sagt Nick.

Ich weiß genau, was sich gerade in Nicks Schaltzentrale abspielt. Die Geschichte turnt den verdammt an, Mann. Gleich kriegt der eine feuchte Unterlippe.

Und wie viel rüsselt ihr da so weg?, fragt Nick.

Keine Ahnung, Mann, sage ich. Zehn Nasen vielleicht, oder so.

Nick schaut mich ungläubig an, und da schnalle ich, wie abgefahren das ist. Und Nick schnallt, wie viel er verpasst. In meinem Schädel kommt es zu einer Glücksexplosion. Vielleicht kapiert der jetzt endlich, dass er auf dem komplett falschen Pfad unterwegs ist. Ich fingere eine Zigarette aus der Schachtel, mein Blick fällt auf Anke, und auf einmal checke ich, was bei der geht. Keine drei Sekunden später fängt die an, ihre Ameisensäure zu verspritzen.

Was ist denn daran cool, fragt Anke, wenn irgendein runtergekommener Typ sich Unmengen Kokain reinzieht? Für einige Sekunden glotzt sie mich an, dann schwenkt sie zu Mische, aber der begutachtet gerade seinen Oberarm.

Ich finde das total abgefuckt, sagt Anke.

Jetzt mach dich doch mal locker, sagt Mische.

Was hat denn das mit locker machen zu tun?, fragt Anke. Was ist denn daran locker, ein Junkie zu sein?

Was kommst du jetzt schon wieder mit dem Junkietext, sage ich. Das hat doch nichts mit dem Thema zu tun, Mann.

Anke schaut mich an, dann gibt sie uns den maximalen Antidrogentext. Das ist das nullachtfünfzehn Ameisenpropagandaprogramm, das die da ablässt. Das kenne ich doch auswendig, Mann. Ich schalte auf Komplettdurchzug. Irgendwie ist alles schon wieder so schummerig, da oben, ich bin auf Totalentladung gepolt, und da setzt sich diese Oberameise vor mich und spult so einen Film ab. Auf einmal stelle ich mir vor, wie das wäre. Ich stehe auf, ich packe Anke, ich trage sie zum Fenster und werfe sie da raus. Sieben Stockwerke nach unten – das hält keine Ameise aus.

Und überhaupt, sagt Anke, was ist denn, wenn da die Polizei kommt? Dann geht ihr sofort ins Gefängnis. Und zwar für Jahre.

Anke holt Luft, seit Ewigkeiten das erste Mal, Nick sitzt da und starrt vor sich hin, Mann, was geht bloß mit dem ab, der hat die Gehirnwäsche Ultraplus hinter sich. Ich drehe mich zu Mische, der inspiziert schon wieder seinen Oberarm.

Dann ist euer Leben vorbei, sagt Anke triumphierend.

Ich halte das nicht mehr aus. Gleich mache ich ernst. Ich schließe die Augen, ich ziehe an der Zigarette, ich ziehe den Rauch so tief wie möglich in die Lunge. Meine Augen sind immer noch geschlossen, ich will sie nicht mehr aufmachen, ich will die nicht sehen, ich will nichts mehr von der sehen.

Denke doch einmal daran, was mit Tripster passiert ist, sagt Anke. Der ist jetzt schizophren.

In genau diesem Moment legen sich bei mir die Schalter um. Ich öffne die Augen und fixiere Anke.

Verpiss dich, knalle ich ihr entgegen.

Anke zuckt zusammen.

Alter, was geht denn mit dir, sagt Nick.

Du verpisst dich jetzt sofort, knalle ich ihr noch einmal entgegen. Ansonsten passiert etwas.

Aus den Augenwinkeln sehe ich, wie sich in Misches Gesicht ein fettes Alligatorengrinsen abzeichnet. Keine Ahnung, was es da zu grinsen gibt.

Anke glotzt mich ausdrucklos an, dann steht sie langsam auf.

Du bist total durch, sagt sie dabei. Dann läuft sie Richtung Tür. Kurz vor der Tür bleibt sie stehen und dreht sich um.

Du brauchst einen Arzt, sagt sie.

Dann ist sie weg.

Nick sitzt wie angetackert auf der Matratze und sieht Anke hinterher. Vielleicht schnallt der jetzt endlich, was das für eine ist. Vielleicht beendet der das jetzt endlich. Vielleicht kommt der jetzt endlich runter von seinem Ameisenfilm.

Scheiße, Alter, sagt Nick und springt auf, dann ist auch Nick weg.

Mein Blick klebt auf der Tür, durch die die beiden Ameisen gerade rausgekrochen sind.

Das war die geilste Show, die ich seit langem gesehen habe, sagt Mische.

Ich fingere eine Zigarette aus der Schachtel und gebe Feuer.

Das war keine Show, Mann, sage ich. Ich war kurz davor, die kopfüber aus dem Fenster zu schmeißen.

Mische starrt mich an, sein Alligatorengrinsen ist jetzt verschwunden.

Pass mal auf, Mann, sage ich, und drücke mich nach oben. Plötzlich ist es komplett schwarz vor meinen Augen, was ist denn das, ich verliere jegliches Gleichgewichtsgefühl, ich strecke die Arme aus, ich muss mich unbedingt irgendwo festhalten, warum sehe ich nichts, was soll das, meine Arme rudern durch die Luft, ich falle. In dem Moment packt mich jemand, ich höre eine Stimme, das ist Mische, ich höre ihn, aber verstehe ihn nicht. Das Karussell in meinem Schädel wird langsamer. Dann kommt wieder Strom auf meine Sehnerven. Mische steht neben mir und hat seinen Arm um mich gelegt.

Du Schwuchtel, sagt Mische, du wolltest nur, dass ich dich anfasse.

Ich muss grinsen, dann mache ich einen Schritt zur Anlage und schnappe mir das Tape, das mir Uwe am Sonntag in die Hand gedrückt hat.

Die metallischen Sounds breiten sich langsam im Raum aus, ich schaue zu Mische, ich bin sicher, dass der so etwas noch nie gehört hat. Ich schließe die Augen. Als die Breakbeats einsetzen, balle ich die Hände zu Fäusten, kurz darauf mache ich die gleichen hackenden Bewegungen, die Uwe zu diesem Sound macht.

33

Nach meinem ersten Wochenende mit Uwe und Tom ziehe ich jeden Sonntagmorgen mit Tom in den Steuerraum. Da ist dann immer das gleiche Setting. Durch die Boxen knüppeln knallharte Beats, auf dem Tisch liegt ein fetter Haufen Koks. Uwe zieht sich die Teile im Zwanzigminutentakt rein, und in dieser Frequenz fliegen die zusammengeknüllten Scheine Richtung Papierkorb. Jedes Mal, wenn Uwe sich wieder eine Ladung gegeben hat, dreht er sich grinsend in die Runde.

Haut rein, sagt er dann, und wippt dabei mit dem Oberkörper zur Musik. Oder soll ich euch ein Glas Milch bringen?

Schon halb so viel Speed würde einen zum Abnibbeln bringen. Speed kann man alle zwei Stunden ziehen, und schon das geht tierisch auf die Pumpe. Speed knallt deine Nadeln direkt in den hellroten Bereich, und da bleiben die dann für die nächsten Stunden. Mehr geht nicht. Mehr ist zu viel. Bei Koks gibt es kein zu viel. Speed bringt deinen Motor zum Rotieren, Koks bringt dich ins Nirwana. Auf Speed bist du eine Rakete, auf Koks bist du Gott. Du ziehst, und noch während das Zeug deinen Rachen runterläuft, merkst du, wie sich dein altes Ich langsam auflöst.

Dann bist du da. Neugeboren. Mit deinem wahren Ich. Du bist hellwach. Deine Gedanken sind glasklar. Dein Körper ist zu allem bereit. Es gibt keine Grenzen für dich. Es gibt nichts, was du nicht tun könntest. Du verstehst alles. Du kannst über fünf Sachen gleichzeitig nachdenken. Du findest mühelos die richtigen Worte, jeder einzelne Satz ist perfekt. Du fühlst dich unendlich gut. Du siehst dich um und weißt, dass du jedem hier meilenweit überlegen bist. Niemand kann dir das Wasser reichen. Und alle wissen das.

Die Klänge im Steuerraum, das ist die Musik zu diesem Gefühl. Ich ziehe mein T-Shirt aus und werfe es in die Ecke. So macht das Uwe. Die Bassline knallt durch den Raum, der Sound wird schneller, die Beats werden härter, Uwe dreht immer mehr auf, dann zieht er die Vorhänge auf, draußen scheint die Sonne, es ist Sonntagmorgen, wir stehen auf den Planken des Steuerraums und sind roboterartig am Zucken.

Nach zwanzig Minuten kommst du runter. Die Landung ist weich. Es geht dir gut, sehr gut geht es dir. Aber du spürst, dass etwas fehlt. Etwas Wichtiges fehlt. Der Kick ist weg. Du willst nachlegen.

Koks ist teurer als Speed. Zweihundert Mark pro Gramm, jede Nase einen Zehner, alle zwanzig Minuten einen Zehner. Uwe denkt über so etwas nicht nach, hier im Steuerraum muss niemand über so etwas nachdenken. Sonntagmorgen, im Steuerraum, Uwe zieht sich da schon mal fünfzehn Nasen oder so rein. Natalie sitzt vor ihren Räucherstäbchen und ist am Meditieren, mein Vater kniet auf allen vieren vor dem Fernseher. *Tele-Gym: Fit für den Alltag. Eine Sendung des Bayerischen Fernsehens.* Fünfzehn Minuten pro Tag, das hat er sich so angewöhnt, mein

Vater hat die beste Ameisendisziplin. Und ich, ich bin im Steuerraum mit Uwe und Tom, ich habe gerade die fünfte Nase Koks gezogen, ich tanze mit nacktem Oberkörper. Es ist Sonntagmorgen, und das Wochenende ist noch lange nicht vorbei.

Irgendwann legt Uwe seinen Arm um meine Schulter.

Fred ist richtig korrekt, sagt er und schaut dabei zu Tom.

34

Ich laufe durch Faitach. Ich laufe mitten auf der Straße, links und rechts von mir ziehen die vorgestanzten Siemensianerhäuschen vorbei, meine Augen sind nach vorne gerichtet, Ameisen interessieren mich nicht. Ich mache lange Schritte. Ich bin auf der Suche nach – ich suche – ich – ich kann mich nicht erinnern. Ich laufe weiter. Eben wusste ich das doch noch. Ansonsten macht das doch alles keinen Sinn. Ich laufe immer weiter. Die Franz-Haber-Straße runter, rechts in die Winklerstraße rein. Immer weiter laufe ich. Dann komme ich an den Platz mit der großen Eiche. Ich bleibe stehen und zünde mir eine Zigarette an. Ich kann mich nicht erinnern. Dann höre ich Schritte. Ich hebe den Kopf, am Ende der Straße sehe ich jemanden, den kenne ich doch, das ist doch Peter Heiner, der Vater von Martin, mit dem ich in die Grundschule gegangen bin. Peter Heiner läuft direkt auf mich zu. Ich lasse die Zigarette fallen und trete sie aus. Zwei Meter vor mir bleibt er stehen. Da weiß ich, dass ich ihn gesucht habe. Ich will ihm etwas sagen, ich will ihm unbedingt etwas sagen, aber ich weiß nicht was. Peter Heiner verzieht sein Gesicht, dann dreht er sich um und läuft los. Ich bleibe stehen und schaue ihm hinterher. Dann klickt es bei mir.

Warten Sie, rufe ich und laufe los. Er ist vielleicht zehn Meter vor mir und läuft einfach weiter. Ich beschleunige.

Sie sind doch der Einzige in Faitach, rufe ich, der sein Ding macht. Der Leidenschaft hat für das, was er macht.

Warum bleibt er nicht stehen? Warum dreht er sich nicht um?

Dabei ist das doch alles, worum es im Leben geht, rufe ich und laufe immer schneller. Wir müssen sprudeln. Wir müssen vibrieren. Alles andere ist doch sinnlos. Ein Leben ohne Leidenschaft ist doch kein Leben. Ein Leben ohne Leidenschaft kann man doch gleich lassen.

Peter Heiner läuft immer weiter, als ob er mich nicht hören würde, ich bin jetzt am Rennen.

Es tut mir leid, rufe ich, dass aus ihrem Sohn so eine verdammte Ameise geworden ist. Ich kann mir vorstellen, was für eine Enttäuschung das ist.

Und auf einmal habe ich die Lösung. Das ist es. Das bringt die Sache ins Gleichgewicht.

Wissen Sie was, rufe ich. Warum geben Sie ihren Ameisensohn nicht zu meinem Ameisenvater und nehmen dafür mich? Warum sind nicht Sie mein Vater?

In diesem Moment bleibt er ruckartig stehen. Er dreht sich um, er schaut, als ob er etwas sagen möchte, ich bin immer noch am Rennen, ich hebe meine Arme und versuche auszuweichen, ich schaffe das nicht mehr, gleich knallen wir aufeinander – auf einmal bin ich auf der Hauptstraße von Faitach, ich renne Richtung Ortsausgang, ich muss rennen, ich muss immer weiterrennen. Rechts vor mir in einiger Entfernung taucht das gelbe Ortsausgangsschild mit dem durchgestrichenen *Markt Faitach* auf. Jetzt weiß ich, um was es hier geht. Jetzt kapiere ich es. Ich suche den Ausgang aus diesem Kaff. Ich muss so schnell wie möglich raus hier, ich renne so schnell ich kann. Das Ortsschild kommt immer näher. Gleich habe ich es geschafft, gleich habe ich das hinter mir, und dann werde ich nie wiederkommen, nie wieder werde ich dieses Kaff betreten. Ich renne und renne, dann höre ich das Hupen, was ist denn das, ich sehe den Lastwagen, wo kommt der denn her, der rauscht ja mit voller Geschwindigkeit auf mich zu, nein, das kann doch nicht sein, was soll das, der Lastwagen ist auf Dauerhupe, ich schreie, so laut ich kann, der Lastwagen ist direkt vor mir, nein – dann bin ich auf dem Dach eines Hochhauses, ich bin immer noch am Rennen, ich muss weiter, immer weiter muss ich, ich habe nur noch einen Wunsch, ich will fliegen, da vorne ist die Brüstung, gleich bin ich da, gleich springe ich, ich will mit ausgestreckten Armen durch die Luft rauschen, der Rausch des Fluges, die Freiheit, die Intensität, es gibt nichts Schöneres. Gleich bin ich da, noch zwei, drei Schritte, ich fühle mich gut, verdammt gut, ich fühle mich unendlich gut, ich springe. Ich schließe die Augen, ich strecke die Arme aus, ich rausche mit Überschallgeschwindigkeit durch die Luft.

35

Irgendwann rufe ich sie an. Ihre Nummer ist tief in meinem Kortex eingebrannt, auch wenn sie noch nie zum Einsatz gekommen ist. Faitacher Vorwahl und dann die 351.

Ich sitze auf meiner Matratze, den Hörer gegen das Ohr gedrückt, es läutet. Meine Finger liegen auf der Gabel. Wenn Olaf Hoffmann rangeht, dann lege ich sofort auf. Am anderen Ende klickt es.

Petra Hoffmann, sagt sie.

Da feuert die Eilmeldung durch meine Lappen, dass ich gar keinen Text habe.

Hallo?, fragt sie.

Ihre Stimme ist genau, wie ich sie in Erinnerung hatte. Ich will etwas sagen, aber ich weiß nicht was. Verdammt, warum habe ich mir das nicht vorher überlegt? Was sage ich? Was mache ich?

Hallo, wiederholt sie, wer ist da? Ihre Stimme klingt jetzt ärgerlich, und in diesem Moment kapiere ich, dass ich meine Chance vertan habe. Das war es. Jetzt ist es zu spät.

Dann klickt es am anderen Ende, ich höre das Besetztzeichen.

36

Gib dir das, sagt Uwe, er hat gerade ein neues Tape in das Deck geschoben und zurückgespult. Dieser Track ist Geschichte, sagt er. Uwe drückt die Playtaste und bleibt vor der Anlage stehen, an seiner Oberlippe hängen die Reste der Doppelladung Koks, die er sich eben reingeknallt hat.

Es ist Sonntagnachmittag, mein Motor rotiert im einstelligen Drehzahlbereich, ich liege ausgestreckt auf den Planken des Steuerraums und rauche. Auf Uwes Gesicht sind rote Flecken zu sehen, Tom steht gegen die Wand gelehnt und raucht eine Tüte an, auf dem Parkplatz des Tennisclubs Malchroth rollt ein schwarzer Audi A6 ein, auf dem Fahrersitz sitzt die Ameise Krüger, von Beruf Diplomkaufmann. Krüger ist dieses Wochenende der Fahrer für die erste Jugendmannschaft des Tennisclubs Faitach, Thorsten, Peter, Christian und Harald. Weiße Polohemden, weiße Tennishosen, weiße Socken. Es ist das erste Medenspiel der Saison, Faitach gegen Malchroth, Tom zieht noch einmal an der Tüte, dann dreht er sich zum Fenster und schiebt den Vorhang zur Seite. Mein Blick klebt auf dem blauen Himmel, dazu der Sound, den Uwe da einspielt, metallisch-fiepende Klänge, die hitzewellenmäßig durch den Raum wabern. Kurz darauf setzen die Snaredrums ein, Glücksgefühle feuern durch meine Schaltungen.

Yeah, sagt Tom, der wippt zum Beat und zieht den Vorhang wieder zu.

Terminator ist der Hammer, sagt er dann.

Uwe nickt zufrieden und regelt die Musik nach oben. Dann tanzt er mit abgehackten, roboterartigen Bewegungen auf den Planken des Steuerraums. Ich bin elektrisiert.

Das ist die Musik der Zukunft, ruft Uwe. Er schließt die Augen, winkelt die Arme leicht an und lässt seine Hände durch die Luft hacken.

Die Breakbeats setzen ein. Das Schlagzeug knattert maschinengewehrmäßig durch die Luft, mein Körper zuckt, als ob die Teile in mir losgehen würden. Solche Breakbeats habe ich noch nie gehört. *You are talking about things I haven't done yet in the past tense.* Plötzlich checke ich. Sarah Connor. Abgefahren.

Uwe spult das Tape zurück und lässt es noch einmal laufen. Das ist typisch Uwe, wenn der so richtig auf einen Track abfährt, dann läuft der schon mal in Endlosschleife. In meinem Schädel flackert es in den Nachladearealen, kurz darauf sitze ich am Tisch, gegenüber von Tom, der ist schon wieder lässig am Wippen. Ich packe mir die Plastikkarte, die da herumliegt, und schiebe mir eine Line zurecht.

Dieser Track ist eine Revolution, sagt Uwe, er steht jetzt direkt vor mir, seine Hände hat er zu Fäusten geballt, seine Unterarme bewegen sich im Beat von oben nach unten.

Ich hebe die Hand mit ausgestrecktem Zeigefinger, warte kurz, heißt das, dann rolle ich einen Schein, setze an und ziehe das Teil weg.

Als ich wieder auf Empfang gehe, fühle ich mich wie neugeboren. Meine Leitungen sind auf Hochgeschwindigkeitstransport eingestellt, jedes einzelne Neuron in meinem Schädel ist bis zum Anschlag geladen. Die Breakbeats rattern durch die Luft. Uwe steht in der Mitte des Raumes, seine Fäuste hämmern wie zwei wildgewordene Kolben vor seinem Oberkörper.

Das ist der erste Track in der europäischen Musikgeschichte, ruft Uwe, in dem der Beat alles ist. Das ist eine Revolution. Europäische Musik, ruft Uwe und bewegt sich dabei stampfend in meine Richtung, das ist Melodie und Harmonie, das können die, damit haben die Geschichte geschrieben. Aber das ist schon lange ausgereizt, Uwe steht jetzt direkt vor mir und fuchtelt mit seinen Händen vor meinem Gesicht. Da geht nichts mehr. Und genau deshalb ist die klassische Musik schon lange am Ende. Klassik ist tot!

Uwe schnappt sich die Plastikkarte und zieht sich eine frische Line auf, in meiner Schaltzentrale vermischen sich seine Worte mit Bildern von mir mit meinen Eltern, in der Heinrich-Lades-Halle, beim Neujahrskonzert in Erlangen. Jedes Jahr pilgern meine Eltern dahin, genau wie alle anderen kultivierten Siemensianerameisen im Dr. Ritterweg, und früher haben die mich da natürlich mitgeschleift. Ein Haufen weißhaariger Anzugträger, die zwei Stunden steif auf ihren Stühlen sitzen und sich Musik reinziehen, die mindestens hundert Jahre alt ist. Auf einmal checke ich, wie daneben diese Veranstaltungen sind. Klassik ist tot, Mann. Auf meinem Gesicht breitet sich ein fettes Grinsen aus.

Uwe zieht, legt seinen Kopf zurück, klopft mit dem Daumen an seinem Nasenloch und zieht nach, dann lässt er den Schein in den Papierkorb flattern und dreht sich zu mir. An seiner Oberlippe hängen immer noch die Koksreste von der Ladung davor, oder von eben, keine Ahnung.

Die Zukunft der Musik, sagt Uwe und fängt dabei an zu zucken, die Zukunft liegt im Rhythmus und im Beat. Der Beat ist der kürzeste Weg von deinem Körper zur Erde. Der Beat verbindet dich mit dem Puls der Welt. Die afrikanischen Naturvölker wussten das schon immer. Seit Jahrtausenden schlagen die den Beat auf ihren Trommeln. Seit Jahrtausenden trommeln die sich in kollektive Trancezustände. Was die mit ihren Trommeln schaffen sind Rhythmuskunstwerke. Absolut unvorstellbar für die Europäer. Die afrikanischen Naturvölker sind die Götter des Beats. Aber das ändert sich jetzt, Uwe ballt seine Hände zu Fäusten. Mit diesem Track wird alles anders. Mit diesem Track entdecken wir den Beat für uns. Das ist ein neues Kapitel in der Musikgeschichte.

No more fucking melody, sagt er dann. Verstehst du, sein Kopf ist jetzt auf Minimalabstand zu meinem, ich kann seinen Atem riechen. No more fucking melody, wiederholt er.

Kurz darauf steht Uwe mit geschlossenen Augen in der Mitte des Steuerraums und hackt mit seinen Fäusten durch die Luft.

37

Ich hänge flachgestreckt auf meiner Matratze und starre gegen die Decke. Wenn ich alles richtig verorte, ist es Mittwochnachmittag. Blubbernde Schallwellen schieben sich durch das Zimmer, das ist eines meiner hr3 Clubnight-Tapes, aus meiner Schaltzentrale kommt die Meldung, dass mich der Sound auf diesem Tape schon einmal tierisch angeturnt hat, aber jetzt reagieren meine Sensoren da oben genau null Komma null, genauso könnte da jetzt Hetfield durch die Boxen grölen oder irgendeine Schmalzboygroup, das würde keinen Unterschied machen. Ich bin ein regungsloser Klumpen Fleisch, der in ein dreißig Zentimeter dickes Isolierband eingewickelt ist. Ich schließe die Augen und gehe auf Standby.

Samples von überall und nirgendwo flackern wie ein schlechter Mix durch meinen Schädel. *Da geht ihr sofort ins Gefängnis. Und zwar für Jahre.* Plötzlich taucht das Ameisengesicht von meinem Vater vor mir auf. *Die Wirtschaft sucht Ingenieure.* Hau ab, Mann, rufe ich und schüttle meine rechte Faust zur Decke, das hier ist mein Leben, und damit mache ich, was ich will! *Jegliche Form der Kontaktaufnahme ist zu unterlassen.* Der Tripster, Mann, dass die den Tripster einfach weggesperrt haben.

Der gehört doch nicht in eine Anstalt. Da spüre ich die Tüte zwischen den Lippen. Keine Ahnung, wie lange das Teil da schon klebt, aber das ist genau das, was ich jetzt brauche. Ich ziehe und ziehe, das Zeug läuft mir rein wie noch einmal was, das tut gut, das tut ungemein gut. Auf einmal checke ich, dass das Teil nicht mal brennt, wie verpeilt ist das denn? Ich taste nach Feuer, irgendwo neben der Matratze liegt doch eins, meine Hand landet im Feuchten, was ist denn das, da ist eine braune Wasserlache neben meiner Matratze, daneben die umgekippte gläserne Schönheit, jetzt checke ich, warum das hier schon die ganze Zeit so stinkt. Da ist das Feuerzeug. Mein Motorkortex befiehlt lange kräftige Züge, der Rauch dringt tief in meine Lunge ein. Ich schließe die Augen, alles in mir dreht sich, mein Körper wird gegen die Matratze gedrückt, ich schwebe in einer neuen Bewusstseinsebene. Als ich die Augen wieder aufmache, bleibt mein Blick auf dem Bongwasser vor der Matratze kleben. Kippenstummel und Asche sind auf dem Teppich verteilt, ich liege mitten in einem Haufen Müll. *Ich mache mir Sorgen um dich, Alter.* Keine Ahnung, wie ich jetzt an etwas zu essen komme, der Kühlschrank ist leer, und ich bin total abgebrannt. Ich schließe die Augen. Und auf einmal checke ich, dass ich schon wieder in diesem Modus bin. Jeder Schalter in meiner Birne ist auf Maximalsinkflug gestellt, Milliarden Synapsen geben das gleiche Signal, mein Schädel depolarisiert, und ich bewege mich mit Lichtgeschwindigkeit Richtung Stimmungsnullpunkt. Man nehme das Maximum der Stimmungsfunktion, spiegele diesen Wert am Koordinatenursprung und potenziere die resultierende Zahl mit sich selber. Genau da bin ich, Mann. Dann flenne ich los.

Ich öffne die Augen. Mein Blick fällt auf die Decke über mir, da bleibt er hängen. Das erzeugt mächtig Auftrieb. In der Horizontalen zu liegen und auf die weiße Wand über einem zu starren, das kickt richtig rein. Das ist Aktion gleich Reaktion, Mann. Die weißen Lichtstrahlen knallen auf die Retina und lösen da die Produktion von Glückshormonen aus, das ist doch klar. Aber das funktioniert nur, wenn der Einfallswinkel der Lichtstrahlen auf der Retina exakt 87,5° ist. Ansonsten geht da gar nichts. Deshalb habe ich das auch noch nie gemerkt. Deshalb hat das noch nie jemand gemerkt. Das ist eine fette Entdeckung, Mann. Ich liege da, meine Linsen sind zufällig auf den richtigen Winkel eingestellt, und ab geht die Post. Deckenstarren. Das ist der volle Kick, Mann. Da stehe ich total drauf. Das geht monstermäßig ab. Nur darf ich meinen Kopf jetzt auf keinen Fall bewegen. Meine Pupillen müssen in genau diesem Winkel bleiben, 87,5°, das ist absolut entscheidend. Jede noch so kleine Veränderung beendet den Deckenrausch. Wenn sich der Einfallswinkel auch nur minimal ändert, dann prallen die Lichtstrahlen ab, dann war es das. Deckenstarren. Das ist der volle Kick, Mann. Ich darf mich nicht bewegen. Keinen Millimeter darf ich mich bewegen. Das ist schwierig. Besonders beim Ein- und Ausatmen. Aber es geht. Ich kann das. Ich bin ein eingefrorener Raver. Was für ein Rausch. Plötzlich taucht Petra Hoffmann auf meinen Bildschirmen auf, in ihrem weißen Bikini. Meine Damen und Herren, sagt Petra Hoffmann, bitte entschuldigen sie die Störung. Wir haben jetzt unsere Flughöhe erreicht. Sie können sich nun abschnallen. Ich konzentriere mich darauf, den Einfallswinkel nicht zu ändern.

Mein Blick klebt noch an der weißen Wand über mir, ich liege da wie eingefroren, aber der Kick ist weg, der Deckenrausch ist vorbei. Was ging denn da ab? Bleibe ich jetzt auf einer weißen Wand hängen, oder was? Das kann doch nicht sein, Mann. Als Nächstes fange ich an, über Staubkörner zu meditieren. Die Temperatur auf meinen Schaltkreisen nimmt zu – nein, ich will das nicht – Max Planck beugt sich über den Tisch und streckt seinen linken Unterarm auf dem grünen Filz aus. Dann zieht er seinen rechten Ellenbogen langsam zurück – bitte nicht – immer weiter zieht er den zurück – nein, bitte nicht – dann wechselt die Bewegungsrichtung ihr Vorzeichen. Kurz darauf rast die Lederspitze auf mich zu, das Teil trifft mich frontal, ich rausche vollbeschleunigt davon. Meine Pumpe schaltet auf Maximalleistung, mein Blut geht auf Beschleunigungskurs, meine Schaltzentrale steht kurz vor der Selbstverflüssigung. Ruhig bleiben, Mann, ganz ruhig bleiben. Jetzt erst einmal die Basiskoordinaten checken. Mein Name: Fred Becker. Mein Alter: achtzehn Jahre. Wohnsitz: Erlangen, Gerhart-Hauptmann-Straße 11, siebter Stock, aus dem Aufzug raus und zweite Tür auf der rechten Seite, gleich neben dem Müllschlucker. Sehr gut. Geht doch. A Quadrat plus B Quadrat gleich C Quadrat. Pythagoras war ein Spinatfresser und ein abgedrehter Typ. Keine Ahnung, warum mir das jetzt durch die Schaltungen vibriert. Ein Rechteck mit der Seitenlänge eins hat eine Diagonale von Wurzel zwei. Was soll das? Wurzel zwei ist eine irrationale Zahl. Was geht hier ab? Eine irrationale Zahl kann nicht durch einen Quotienten von zwei rationalen Zahlen ausgedrückt werden. Was flackert da durch meine Leitungen, ich will das nicht, gleich schreie ich los. Nein. Doch. Schreien. Nicht schreien. Die

Gedanken schießen mit Hochgeschwindigkeit durch meine Leitungen, das ist mir zu viel, viel zu viel. Plötzlich knallen meine Spannungsmesser nach unten. Ich fühle mich unendlich schlaff. Haben die da oben mir jetzt das Netzteil gezogen, oder was? Wollen die verhindern, dass ich Krawall mache? Ohne Strom geht nämlich nichts. Das ist der zweite Hauptsatz, Mann. Ohne Unordnung keine Ordnung. Oder war das andersherum? Auf jeden Fall bin ich auf einmal komplett auf Entspannung gepolt. Jetzt noch eine Tüte, das wäre es. Irgendwo habe ich doch sicher noch etwas herumliegen. Irgendwo liegt doch immer etwas herum. Ich will aufstehen, aber mein Körper nimmt keine Bewegung auf, meine Schaltzentrale schießt einen Befehl nach dem anderen durch meine Drähte, aber da tut sich nichts. Das Karussell nimmt an Geschwindigkeit auf, dann drückt es mich in eine andere Welt.

38

Ich hatte einfach null Ahnung, was ich sagen soll, sage ich zu Mische.

Mische schaut mich gebannt an, der läuft krass heiß auf die Geschichte, das sehe ich sofort.

Und dann hast du dir vor Angst in die Hose gepisst und hast aufgelegt, oder was?, fragt Mische und legt dabei sein bestes Alligatorengrinsen auf.

Erzähl keinen Scheiß, Mann, sage ich und schüttle den Kopf. Aber ich habe nichts rausbekommen. Ich habe versucht, mir irgendetwas aus der Birne zu pressen, ich wollte irgendetwas sagen, aber da kam nichts. Und dann hat die aufgelegt.

Ist das manisch, sagt Mische und lacht laut los, total psycho. Du bist besessen von der Alten. Dann schaut er mich neugierig an.

Und jetzt?, fragt er. Rufst du die noch mal an?

Keine Ahnung, Mann, sage ich. Ich könnte eine Tüte gebrauchen, sage ich dann. Kurz darauf hängt ein frisch gedrehtes Teil zwischen meinen Lippen.

Was willst du eigentlich von der Alten, fragt Mische.

Mein Blick klebt auf Mische, seine Frage funkt durch meinen Schädel und sucht nach einem Landeplatz. Was ich von Petra Hoffmann will?

Ich nehme an, sagt Mische, dass du die nicht heiraten willst. Also bleibt genau eine Möglichkeit, Mische ist schon wieder nur noch Lippen und Zähne. Du willst die Omi flachlegen, sagt er.

Flachlegen, denke ich mir, darum geht es bei Mische immer. Ständig erzählt der, dass er wieder irgendeine flachgelegt hat, dass er die von hinten genommen hat, dass er brutal lange ausgehalten hat, dass er deren Gebärmutter mit seinem Teil fast zum Platzen gebracht hat.

Irgendwie nicht, Mann, sage ich und schüttle den Kopf.

Was?, fragt Mische erstaunt. Was willst du denn dann von der?

Keine Ahnung, sage ich. Ich schiebe die Tüte zu Mische, der übernimmt, dann schalte ich auf Entspannungsmodus und lehne mich zurück.

Mische hängt maximalentspannt auf der Matratze neben mir und bröselt Gras auf ein Stück Pappe, dann dreht er eine Tüte. Er schaut zu mir und grinst, und in diesem Moment schießt literweise warme Glücksflüssigkeit durch meine Leitungen.

Ich bin verdammt froh, dass du hier bist, Mann, sage ich.

Mische sieht mich überrascht an.

Klar bin ich hier, sagt er.

Und das kickt mich auf einen 1-A Laberflash.

Ich habe das nicht so mit dem Vögeln, sage ich. Irgendwie bin ich nicht so, Mann. Keine Ahnung, was da bei mir geht. Vielleicht ist das Flachleg-Gen bei mir wegmutiert, oder so. Aber weißt du, worauf ich tierisch Lust hätte?

Mische nimmt einige kurze, schnelle Züge von der

Tüte, dann breitet sich das feinste Alligatorengrinsen in seinem Gesicht aus.

Du willst mit der Omi ins Kino, sagt er und lacht los.

Quatsch keinen Scheiß, Mann, sage ich.

Ich habe krass Bock, sage ich dann, dass die nackt vor mir steht und darauf wartet, dass ich sie endlich berühre.

Das ist heiß, sagt Mische.

Und dann will ich sie streicheln, sage ich. Am ganzen Körper. Ich will sie streicheln, wie sie noch nie jemand gestreichelt hat. Und dann will ich, dass sie meinen Kopf nimmt und ihn zwischen ihre Brüste drückt.

Fette Sache, sagt Mische und bläst dabei eine Rauchwolke in die Luft. Besonders wenn die anständige Dinger hat. Ansonsten ist das wie eine Bruchlandung auf Stein, er grinst. Er nimmt noch einen Zug, dann hält er mir die Tüte hin.

Und dann?, fragt er. Du kannst ja nicht ewig zwischen ihren Titten hängen.

Warum nicht, Mann, sage ich. Und weil ich nicht weiß, was ich sagen soll, pumpe ich mir den Rauch anschlagsmäßig in die Lunge.

Auf einmal spüre ich Misches Hand auf meinem Arm.

Sag mal, sagt Mische. Bist du eigentlich noch Jungfrau?

39

Es ist Sonntagmittag. Unten im Boot steht Micha X3 am Elektroofen und bereitet uns die Spezialität des Hauses, housiger Sonntagsbraten garniert mit Vocals und einer Prise Pianoriff. Seit Stunden gleite ich mit ausgebreiteten Flügeln über die Tanzfläche. Die Stroboskope blitzen, der Nebel steigt zwischen uns auf, ich schwebe auf einem handgewebten Klangteppich, zehntausend Meter über der normierten und gestanzten Ameisenrealität meiner Eltern und all den anderen Ameisen in Faitach und Erlangen und und und. Diese Insekten stoßen mich tierisch ab, die stoßen uns alle ab, und deshalb schießen wir uns hier auf eine neue, ameisenfreie Umlaufbahn. Der Sound, das Boot, das Belly, das ist unsere Welt, das ist unser bunt oszillierendes Ravingparadies. Ich schließe meine Augen, ich fahre meine Flügel bis zum Anschlag aus, ich wünsche mir, dass dieses Wochenende niemals aufhört.

Plötzlich, unerwartet und hinterhältig, kommt der Frontalangriff. Ein Heer an mikroskopischen Kämpfern taucht aus dem Nichts auf und besetzt meine Leitungen. Der Bass verwandelt sich in ein stumpfes Wummern und dröhnt durch meinen Schädel. Die Vocals zerfallen in ihre Einzelteile und rasen als kreischend-zuckende Bruchstücke auf mich ein. Der Klangteppich, der mich eben noch hoch über den Wolken getragen hat, löst sich auf. Die Klangordnung zerfällt in ihre Elemente. Das ist der zweite Hauptsatz in Aktion. Die feindlichen Entropiekämpfer ziehen hämische Fratzen und zerren an meinen Leitungen, die Musik ist unerträglich laut, mein Trommelfell steht starkstrommäßig unter Druck, die Temperatur meiner Drähte nähert sich dem Schmelzpunkt. Meine Flügel hören auf zu schlagen. Ich schwitze. Ich drücke die Handflächen auf die Ohren. Ich schiebe mich an den Rand der Tanzfläche, ich schließe die Augen und atme einige Male tief durch. Letztens im Bus war das die Lösung. Augen zu und tief durchatmen. Das System runterkühlen. Aber jetzt bringt das gar nichts. Die Lautstärke regelt immer mehr hoch und überschreitet die Schmerzgrenze, mein Körper krampft sich zusammen, ich schwitze immer stärker, ich muss raus hier, sofort raus hier muss ich, ansonsten schreie ich laut los. Ich setze mich in Bewegung. Ich komme zur Eisentreppe, auf halber Höhe nach oben lege ich die Hand auf das Geländer, das kühle Metall an meiner Hand tut gut. Ich zünde mir eine Zigarette an. Auf meinen Bildschirmen taucht Heiko auf, der macht um diese Zeit die Kasse, cool sieht der aus, mit seiner Trainingshose und seinem Kapuzenpulli und der Zigarette im Mund. Da kommt mir von oben eine Dreiergruppe zuckender Raver entgegen, die sind bis zum Anschlag aufgepumpt, gleich sind die auf der Tanzfläche und gehen mördermäßig ab. Und ich? Was mache ich eigentlich hier? Ich will auch tanzen. Und auf einmal checke ich, dass der Film von eben komplett vorbei ist. Die feindlichen Kämpfer, die mich eben noch belagert haben, haben sich in Luft aufgelöst. Jeder einzelne meiner zehntausend Wahrnehmungsparameter schwingt jetzt wieder im hellgrünen Bereich. Mein Entropiebarometer sinkt. Ich lache. In mir entsteht Ordnung ohne Energiezufuhr. Meine rechte Hand ballt sich zu einer Faust, die kurz darauf Richtung Decke rauscht.

Alle herhören, rufe ich. Max Planck und Albert Einstein und Niels Bohr und wer da noch so sitzt, ich lache euch aus, ich lache eure Naturgesetze aus, ich scheiß auf den zweiten Hauptsatz, Mann, ich schaffe mir meine eigene Welt.

Der Sound läuft mir jetzt wieder gut rein, die Klangwolken rauschen als warmer Saft durch meine Leitungen, alles an mir entspannt sich. Ich mache ein paar Schritte auf der Treppe nach unten, da bleibe ich stehen und schaue zur Bar und Tanzfläche. Die Stimmung hier ist 1-A aufgeladen. Dann checke ich, was da gerade läuft. *Can you feel it.* Kein Wunder, dass die alle so abgehen. Das ist der perfekte Sonntagmittagssound, hundertfünfzig Prozent Groove, dreihundert Prozent gute Laune. Dieser Track ist eine Oszillationsmaschine, die jede einzelne meiner Zellen in einen neuen Schwingungszustand versetzt. Ich bin am Überquellen. Ich schiebe mich zur Tanzfläche, ich ziehe noch zweimal an der Zigarette, dann schnippe ich das Teil auf den Boden und schließe die Augen. *In the beginning there was Jack. And Jack had a groove. And from this groove came the groove of all grooves.* Meine Pumpe drückt das Blut im Viervierteltakt durch meinen Körper, meine ausgebreiteten Arme bewegen sich über die Klangwellen. *And while one day viciously throwing down on his box, Jack boldly declared, let there be house. And house music was born.* Jack ist unser Schöpfer. Jack ist unser Prophet. Und das hier – *house is an uncontrollable desire to jack your body* – das ist unsere Offenbarung.

Irgendwann ziehe ich Richtung Steuerraum. An der Kasse steht Heiko. Der zuckt mit seinem Oberkörper zum Beat, der grinst breit, der schiebt mir seine Hand zum High-Five hin. Mein Blick bleibt auf dem silbernen Totenkopfring an seinem Mittelfinger hängen, aus den Augenwinkeln sehe ich, wie zwei Typen vor der Toilette zu uns gucken, und das schiebt meinen Glücksmesser noch weiter nach oben. Vor ein paar Monaten, da kannte ich hier im Boot absolut niemanden. Und jetzt checke ich im Steuerraum raus und rein, wie ich Bock habe, und klatsche dazwischen mit Heiko ab.

Hammer Set, sagt Heiko und nickt zur Eisentreppe. Dann hält er mir eine Packung Gauloises hin.

Wir ziehen den ungefilterten Rauch durch unsere Lungen, wir lassen unsere Oberkörper im Elektrowind wippen, wir sehen den Ravern hinterher, die jetzt das Boot verlassen. Ich schaue auf die Uhr von Heiko, 13:22, es dauert einen Moment, dann schnalle ich, dass das Boot einmal wieder auf Entladungskurs ist. Laden – Entladen – Laden – Entladen, das sind die Oszillationsbewegungen des Bootes. Jeden Samstag um Punkt zwölf Uhr nachts wird die Haut des Bootes durchlässig, ein metallener Steg klappt nach vorne, der Transportkanal öffnet sich, und kurz darauf schieben sich hier die lachenden und zuckenden Raver entlang. Für die nächsten Stunden ist das Boot im Ladezustand, der Energiepegel steigt im Minutentakt, und außer den paar Hobby-Ravern, die schon vor Sonnenaufgang zurück in ihre Ameisenhaufen krabbeln, verlässt hier niemand den Laden. Dann sind die Akkus geladen. Der Saft, in dem unsere Körper treiben, hat seine Lösungskapazität erreicht. Die Federn, die uns zum Vibrieren bringen, sind maximal gespannt.

Wir legen die Schalter um. Der nächste Funke vom DJ bringt uns zum Explodieren. Die stundenlange Abfahrt beginnt. Leuchtstäbe. Zauberhüte. Trillerpfeifen. Wir brodeln in Überschallgeschwindigkeit durch die Nacht. Stunden später, die Ameisen sind schon längst wieder in ihrem Insektenlaufrad, Stunden später beginnt der Entladungsvorgang. Die Spannung zwischen den Kondensatorplatten nimmt ab, die Vibrationsenergie sinkt, das Reaktionsgleichgewicht im Boot verschiebt sich zur Lounge. Die Bewegungsrichtung im Transportkanal dreht sich um. Raver lösen sich aus dem elektromagnetischen Kraftfeld und schweben Richtung Ausgang, zum Chillout auf der Wiese vor dem Boot oder in einer Wohnung, zum Pennen im Auto auf dem Parkplatz. Und irgendwann, gegen sechzehn Uhr nachmittags, da schließen sich die Poren des Bootes.

Was ging denn mit dir, vorhin?, fragt Heiko.

Was meinst du?, frage ich und pumpe einen frischen Schwaden Rauch Richtung Lunge.

Als du die Treppe raufgestürmt bist, sagt Heiko.

Mein Blick klebt auf Heiko, und in diesem Moment geht bei mir der Psychofilm von vorhin im dreißig Sekunden Trailerformat auf Sendung. Mit mir als Hauptdarsteller. Ein Raver, der die Klangwolken nicht mehr erträgt, dessen weiß-graue Masse sich in einen Wackelpudding verwandelt, der keine zwei Atomradien davon entfernt ist, laut schreiend aus dem Boot zu rennen. Ein Raver, der mit 180 km/h die Skipiste herunterrauscht und merkt, dass seine Bindungen offen sind.

Keine Ahnung, wovon du redest, Mann, sage ich.

Das weißt du nicht mehr?, fragt Heiko und sieht mich verdutzt an.

Der Typ macht wohl gerade eine Ausbildung zum Tiefenbohrer. Auf einmal spüre ich, wie eine zehn Meter hohe Aggressionswelle durch meine Schaltungen schwappt. Ich muss weg hier.

Vor einer Stunde oder so, sagt Heiko, da bist du hier raufgeschossen, er nickt zur Eisentreppe, und hattest einen Blick drauf – Heiko stockt.

Lass mich in Ruhe, Mann, knalle ich Heiko entgegen.

Ich muss los, sage ich dann und nicke zum Steuerraum. Heiko schaut, als ob er etwas sagen will, ich starre an ihm vorbei. Mach auf jetzt, denke ich mir, sonst – Heiko dreht sich nach hinten und macht das Klopfzeichen.

Im Steuerraum ist richtig Druck auf den Boxen. Wie immer. Tracks mit unter 160 bpm werden hier sofort ausselektiert. Survival of the fastest. Während Micha X3 sonntagmittags unten im Boot housige Harmoniedrachen steigen lässt, rauschen im Steuerraum die Düsenjets mit Überschallgeschwindigkeit durch die Luft. Ich breite meine Flügel aus. Die Lichtstrahlen der Mittagssonne funkeln durch die Öffnungen zwischen den Vorhängen. Ich bewege mich tänzelnd auf den Planken des Steuerraums.

Tom liegt vollentspannt auf der Bank, die Beine aufgestellt und wippend, sein Cap halb in das Gesicht gezogen. Ihm gegenüber auf der anderen Seite des Tisches sitzt Uwe mit einer Zigarette zwischen den Lippen und der abgewetzten Lederweste auf seinem nackten Oberkörper. Neben ihm stehen zwei Plastiktüten. Fließbandmäßig greift Uwe in eine der Tüten, zieht einen Bündel Scheine hervor, lässt die Teile langsam durch seine Finger gleiten, kritzelt etwas in das Notizbuch, das vor ihm auf dem Tisch liegt, und greift nach dem nächsten Bündel. Uwe macht die Abrechnung, wie immer um diese Zeit. Uwe und Tom am Tisch des Steuerraums, für einige Sekunden bleibe ich auf diesem Bild kleben, für einige Sekunden lasse ich diese Photonenkonfiguration auf meine Retina einprasseln. Dann schließe ich die Augen und verwandle mich in einen ein Meter dreiundachtzig großen, sechsundsiebzig Kilogramm schweren Resonanzkörper. Dieser Sound, diese Stimmung, das Leben – meine Glücksfunktion verlässt ihr Koordinatensystem und fliegt Richtung Unendlichkeit. Die Rollläden im Wohnzimmer im Dr. Ritterweg 8 sind unten, meine Eltern sitzen in ihren Sesseln und glotzen gebannt auf den Fernseher. Senna überholt Schumacher, Sanchez retourniert Graf, Trappatoni läuft am Spielfeldrand auf und ab, stundenlanges vor der Glotze Sitzen und anderen beim Sportmachen zusehen, das ist einer der Höhepunkte im Leben jeder Ameise, da fiebern die so richtig mit. Als Nächstes fangen die an, den anderen beim Kloputzen zuzusehen, nur nicht selber leben, das ist die oberste Maxime. Aber das habe ich so etwas von hinter mir gelassen, Mann. Ich breite meine Flügel aus, ich will schwingen, in diesem Moment sehe ich aus den Augenwinkeln, wie sich Uwes Hand in eine Faust verwandelt, die langsam an Höhenenergie gewinnt. Kurz darauf rast dieser Klumpen Fleisch mit Maximalbeschleunigung auf die Tischplatte zu. Das ist der inelastische Stoß. Beim Aufschlag kracht es, die kinetische Energie der Faust knallt auf null, ich zucke heftig zusammen und springe vor Schreck einen halben Meter nach hinten. Koks wirbelt durch die Luft, die Flasche, die auf dem Tisch steht, kippt um, in meinen Wahrnehmungslappen läuft das alles in Zeitlupe ab. Uwe stiert auf die Flasche, die langsam Richtung Tischkante rollt und dann in einer Rille liegen bleibt. Dann geht sein Blick zu dem Geldstapel vor ihm. Uwe ist knallrot im Gesicht, der ist geladen wie noch einmal was. Tom sitzt jetzt aufrecht, aber noch bevor der etwas sagen kann, kommt es bei Uwe zu einer Schallexplosion.

Diese Schmarotzer, brüllt Uwe und schießt dabei eine Speichelwolke zum Tisch. Diese elenden Schmarotzer.

Tom rutscht ein Stück zu Uwe.

Was ist denn los?, fragt er. Uwe dreht sich ruckartig zu Tom.

Du willst wissen, was los ist?, fragt Uwe, er spricht jetzt leise, jedes seiner Worte ist bis oben hin mit Aggressionsmolekülen vollgepumpt. Das ist ja etwas ganz Neues, zischt er. Dann schaut er Tom mit zusammengekniffenen Augen an.

Ich sage dir, was los ist, sagt Uwe und ballt dabei seine rechte Hand zu einer Faust. Irgendeiner zockt mich hier krass ab, Uwe schüttelt seinen Kopf.

Ich ziehe hier den geilsten Laden der Welt auf, sagt er dann, und meine eigenen Leute ficken mich. Kapiert ihr eigentlich gar nichts?, seine Stimme wird lauter. So einen Laden gibt es nirgends. Nicht in Frankfurt, nicht in Berlin, nicht in Rotterdam, nirgends gibt es so eine Party, so einen Vibe, nur hier, Uwes Stimme wird mit jedem Wort lauter, er richtet seinen ausgestreckten Zeigefinger auf den Boden des Steuerraums, nur hier, am Nürnberger Hafen, im Boot, Uwe brüllt jetzt, in meinem Laden, im Laden vom Uwe. Uwes ganzer Körper ist am Vibrieren, seine Augen knallen gleich aus den Halterungen, was geht denn hier ab, so habe ich den noch nie erlebt, der ist kurz vor der Kernschmelze, Mann.

Im Laden vom Uwe, brüllt er noch einmal, und stampft dabei mit beiden Füßen mehrmals auf den Boden. In meinem Laden. Uwe schwenkt abrupt zu mir und stiert mich an, ich stehe immer noch auf den Planken, mit einigem Abstand zu den beiden, ich weiß nicht, wohin mit mir, ich habe gerade genau null Komma null Bewegungsenergie.

Jetzt komm mal runter, sagt Tom.

Runterkommen, faucht Uwe und dreht sich wieder zu Tom. Dann schüttelt er den Kopf.

Du hast ja keine Ahnung, sagt Uwe, was nötig ist, um so einen Laden hochzuziehen. Du läufst hier Samstagnacht ein, marschierst ohne zu zahlen an der Kasse vorbei, Uwe fuchtelt jetzt mit der Rechten in der Luft herum, und dann fährst du für zwölf Stunden auf der Überholspur, die ich für dich geschaffen habe.

Was geht der die ganze Zeit so auf Tom ab? Der hat doch nichts damit zu tun, Mann.

Du ziehst hier deine Geschäfte ab, sagt Uwe, seine Stimme wird wieder lauter, und hängst im Steuerraum herum und machst dabei den Oberlarry. Kapierst du eigentlich, wer das alles für dich macht?

Tom hängt schon wieder so lässig und entspannt wie immer auf der Bank. Das kann doch nicht sein, Mann. Hat der nicht gehört, was Uwe ihm gerade an den Latz geknallt hat? Wenn Tom so weitermacht, dann wird der der nächste Dalai Lama.

Aber das bin ich, sagt Uwe. Ihr seht ja, wie ich das hier durchziehe. Jeder von meiner Crew bewegt hier seinen Arsch rein und raus, wie er will, jeder bedient sich hier, wie er will, Uwe streckt die Hand aus und deutet mit dem Finger auf den Haufen Koks. Und dann ficken die mich so richtig durch.

Wieviel fehlt?, fragt Tom und drückt dabei seine Zigarette im Aschenbecher aus.

Was weiß ich, faucht Uwe. Ich hab doch keine Ahnung, was die Schmarotzer da draußen machen. Aber das hier, Uwes Stimme wird jetzt wieder lauter, und er deutet auf den Stapel Geld vor ihm, das ist eine Verarschung. Eine Riesenverarschung ist das. Aber mit dieser Nummer kommen die nicht durch, brüllt er. Diese kümmerlichen Fucker. Was denken die eigentlich, mit wem die es zu tun haben? Tom macht einige beschwichtigende Bewegungen.

Die denken, brüllt Uwe, der Typ da oben, der ist sowieso bis oben hin voll mit Koks, der ist sowieso am Ende. Und jetzt nehmen wir den richtig aus. Uwe macht eine Pause und schnauft tief durch. Aber da haben die sich mächtig geirrt, sagt er.

Jetzt beruhige dich mal, sagt Tom und legt dabei seine Hand auf Uwes Arm.

Uwe haut Toms Hand mit einem Schlag weg.

Einen Scheiß mache ich, schnaubt er. Dann greift er nach der Plastikkarte, die auf dem Tisch liegt, schiebt das Teil mitten in den Haufen Koks und zieht mit einigen kantigen Bewegungen zwei dicke Lines auf. Er beugt sich über den Tisch, schnappt sich den gerollten Schein, der da herumliegt, und schießt sich die beiden Lines im Doppelpack durch die Nasenlöcher. Uwe schmeißt den Schein in den Papierkorb, springt auf, stampft an mir vorbei zur Anlage, kniet sich da hin und kramt in den Tapes herum. Dabei ist er die ganze Zeit wie wild am Schniefen. Dann haut er ein neues Tape ins Deck.

Es dauert keine drei Beats, und ich weiß, was Sache ist. *Dominator.* Uwe steht breitbeinig auf den Planken, seine Arme machen hackende Bewegungen durch die Luft. *I'm bigger and bolder and rougher and tougher. In other words sucker there is no other. I'm bigger and bolder and rougher and tougher. In other words sucker, no other, no other.* Uwe stampft zurück zur Bank. Auf seiner Brust glitzern Schweißperlen. Uwe bleibt vor Tom stehen. *I'm the one and only Dominator. Wanna kiss myself!*

Du sagst mir jetzt sofort, wer mich hier verarscht, sagt er dann. An seinem rechten Nasenloch klebt ein Tropfen Blut, der kurz darauf auf dem Tisch landet. Tom schiebt sich eine frische Nil zwischen die Lippen. Während er Feuer gibt, dreht er sich zu dem Bluttropfen auf dem Tisch. Dann schüttelt er den Kopf.

Woher soll ich denn das wissen, sagt Tom und zieht an seiner Zigarette.

Uwe fixiert Tom.

Was bildest du dir ein, brüllt Uwe dann.

In diesem Moment feuern die Abflugbefehle durch meine Lappen. Uwe dreht total am Rad, Mann. Das ist doch die Komplettschickerei. Und das an einem Sonntagmittag. Da ist Entspannung angesagt, da muss man die Akkus an die Ladestationen hängen, da muss man die synaptischen Spalten durchfegen. Und ich, ich sitze hier in diesem tierischen Ausrasterfilm. Das ist das Letzte, was ich jetzt brauche. Das zieht mich tierisch runter. Ich muss raus hier, und zwar so schnell wie möglich.

Du sitzt da, brüllt Uwe und schiebt dabei seine Hand mit ausgestrecktem Finger Richtung Tom, als ob dich das einen Scheißdreck angehen würde.

Ich will raus hier. Ich will sofort raus hier. Aber was macht Tom? Warum lässt der sich das überhaupt gefallen?

Uwe fuchtelt immer noch mit seinem Finger vor Toms Gesicht herum.

Du bist doch der größte Schmarotzer von allen, brüllt er, und in diesem Moment tropft wieder Blut aus seiner Nase. Die Flachwichser da unten, die kommen ja nur zum Feiern. Die wollen die Sau rauslassen, und das wars. Aber du machst deine Geschäfte hier. Ich organisiere dir deine Kunden, ich organisiere dir die Location, und du ziehst hier ganz in Ruhe deine Geschäfte durch. Aber wenn es ein Problem gibt, dann interessiert dich das einen Scheißdreck. Damit habe ich nichts zu tun. Davon weiß ich nichts. Das musst du schon selber lösen.

Tom hebt abwehrend seine Hand.

Ich habe meine eigenen Probleme, sagt Tom dann und zieht an seiner Zigarette. Aber ich mache nicht so einen Aufstand. Vielleicht solltest du dir nicht jedes Wochenende fünf Gramm Koks reinfahren, dann würdest du auch die Übersicht über deine Einnahmen behalten. Uwe springt auf und packt Tom am T-Shirt, meine Alarmsysteme sind auf dunkelrot, ich bin auf dem Weg zur Tür, ich hole Heiko oder irgendjemand anderen.

Du Stricher, faucht Uwe.

Kurz bevor ich an der Tür bin, lässt Uwe von Tom ab. Uwe zittert. Dann schließt er seine Augen und dreht sich zur Seite.

Tom nimmt einen Zug von seiner Zigarette, dann treffen sich unsere Blicke. Tom sieht anders aus als sonst. Nicht mehr so lässig.

40

Es ist der Montag nach der Aggro-Attacke von Uwe. Es ist kurz vor acht, ich fliege direkt aus dem Belly in die Schule, zum Physik-Leistungskurs. Meine Turbinen rotieren im vierstelligen Bereich, wie so oft um diese Zeit, ich bin kurz davor, auf die Tische zu springen und zu tanzen. Schneider erklärt wieder einmal den Dopplereffekt, entweder ist der auf dem Teil hängengeblieben oder der glaubt wirklich, er hat es mit einem Haufen Schimpansen zu tun, so oft wie er das schon erklärt hat.

Nach der sechsten hänge ich auf den grauen Steinplatten des Raucherhofs ab, da drüben stehen Matze Reiher und seine Jungs, bei mir Nick und Mische, nach und nach ziehen die los, und irgendwann sind nur noch Nick und ich da. Die Sonne scheint mir ins Gesicht, ich halte Nick meine Schachtel hin, wir zünden uns noch eine an. Plötzlich taucht meine Tanknadel in das Reservegebiet ein, aber das lässt mich kalt, ich habe Pep, richtig guten Pep von Tom, und den werde ich gleich durch meine Röhren fließen lassen.

Du siehst kaputt aus, Alter, sagt Nick.

Ich grinse, mache einige Wellenbewegung mit meiner Rechten und ziehe an der Zigarette.

Gleich tanke ich nach, Mann, sage ich, dann kommt

frische Vibration auf die Knochen. Ich grinse noch breiter.

Nick schaut mich an, dann schüttelt er den Kopf. Kurz darauf hat er schon wieder diesen oberameisenhaften Gesichtsausdruck drauf, und das klickt mich starkstrommäßig durch. Gleich frage ich ihn, was der Scheiß eigentlich soll, warum er schon wieder so eine Nummer abzieht, warum er seit Monaten so eine Nummer abzieht, warum er nicht gleich mit Thorsten und den anderen Ameisen Murmeln spielen geht. Aber ich drücke das weg und sage nichts, wir sagen beide nichts, unsere Blicke kleben aneinander, wir ziehen den Rauch durch unsere Lungen. Da springen meine Schalter zurück, und ich checke wieder einmal, wie gern ich Nick habe. Ich schiebe meine Hand auf seine Schulter.

Lass zu mir checken, sage ich, und uns locker machen. So wie früher, Mann. In diesem Moment werden meine Erinnerungslappen mit Bildern von Nick und mir bespielt. Nick und ich, wie wir auf meiner Matratze abhängen, wie wir uns im Doppelpack aus der Ameisenwelt ausklinken, wie wir uns transzendental locker machen, wie wir rauchförmiges Gras literweise durch unsere Lungen fließen lassen. Dazu der richtige Sound, ein stundenlanger Schwebezustand. Früher, da haben wir jeden einzelnen Tag in der Woche so verbracht, da musste ich Nick nicht einmal fragen, ob er mitkommt. Nach der sechsten mit Nick zusammen in meine Bude, früher war das gesetzt.

Ich habe richtig gutes Piece, Mann, sage ich. Ich schaue Nick an, aber noch bevor er etwas sagt, weiß ich, was Sache ist. Nee Alter, sagt Nick und schüttelt den Kopf. Das packe ich heute nicht. Er zieht die Augenbrauen zusammen und zieht an seiner Zigarette.

Ich weiß genau, was jetzt geht. Gleich kommt der mir wieder mit einer seiner Geschichten. Als ob ich seine Mami wäre und er eine Ausrede erfinden müsste. Darauf habe ich jetzt tiefpunktmäßigen Bock. Dieses Rumgejaule kann er sich sparen, Mann.

Ich muss Physik pauken, sagt Nick dann. Am Mittwoch steht die Klausur an, Alter, und ich steige da überhaupt nicht durch. Auf einmal hat Nick diesen tierisch besorgten Gesichtsausdruck drauf.

Die Arbeit am Mittwoch hatte ich überhaupt nicht auf meinem Radar.

Das können wir uns doch zusammen reinziehen, sage ich. Das kriegen wir locker hin, Mann. Ein, zwei Stunden und das Zeug sitzt. Und dann machen wir uns locker.

Nick zieht noch einmal an seiner Zigarette und schüttelt den Kopf.

Zwei Stunden, sagt er, Alter, damit kriege ich gar nichts hin. Er macht eine Pause.

Außerdem treffe ich Anke, sagt er dann.

Anke, das ist es. Die ganze Zeit trifft er Anke. Für die hat er immer Zeit. Ich raffe einfach nicht, was bei Nick geht.

Alter, sagt Nick, nimm mir das nicht übel.

Ich bin kurz davor, meinen Text loszulassen. Den Text, den ich schon seit Monaten auf Nick abschieße. Aber in genau diesem Moment lösen sich die Verständnisknoten in meiner Zentrale. Auf einmal ist alles glasklar. Den Nick von früher, der stundenlang mit mir auf meiner Matratze abhing, mit dem ich nächtelang im Boot getanzt habe, diesen Nick gibt es nicht mehr. Dieser Nick ist tot. Vielleicht gab es den ja auch nie. Auf jeden Fall ist Nick jetzt auf dem besten Ameisenentwicklungspfad. Und in ein paar Jahren ist der eine perfekte Kopie seiner Eltern. In ein paar Jahren – ich schaue Nick an, und plötzlich tut er mir monstermäßig leid. Der hat es nicht geschafft, Mann. Der hängt im Ameisengravitationsfeld. Und wenn man da erst einmal gefangen ist, dann gibt es kein Zurück mehr.

Passt schon, sage ich und zucke mit den Schultern.

Nick sieht mich an, ich glaube, der checkt gerade selber, was mit ihm geht. Ich schnippe den Kippenstummel auf den Boden, dann drehe ich mich um und marschiere los.

Ich komme zur Gonzerstrasse, die ganze Zeit denke ich an Nick, mein Schädel ist vollgepumpt mit Wut und Traurigkeit. Dann bleibe ich stehen und schüttle meine geballte Faust zum Himmel.

Ihr hört jetzt auf mit diesem Scheiß, rufe ich. Ihr gebt mir jetzt sofort meinen Nick zurück. Ich will, dass Nick mir jetzt hinterherruft, ich will, dass er mit feuchter Unterlippe neben mir steht, ich will, dass er wieder mit mir loszieht. Sofort!

Ich warte für einige Sekunden, aber es passiert nichts. Natürlich nicht. Das würde dem zweiten Hauptsatz widersprechen. Zustandsveränderungen laufen in genau eine Richtung ab, wir werden älter und nicht jünger, aus Menschen werden Ameisen und nicht umgekehrt, den Nick von früher gibt es nicht mehr. Max Planck und Albert Einstein grinsen breit und heben die Hände zum High-Five.

Ich komme an die Bushaltestelle. Da sitzt die 1-A Vorzeigeameise Miriam, mit ihrer Hornbrille und den perfekt gescheitelten Haaren. Die ist auf dem Weg zu ihrer Lerngruppe, da pauken die dann stundenlang, um einen halben Punkt mehr bei der Klausur rauszuholen. Mein Geschwindigkeitsvektor schrumpft auf null. Keine Ahnung warum, ich habe hier nichts zu suchen, ich will nicht Bus fahren, und ganz sicher will ich nicht mit Miriam reden. Aber ich weiß nicht, wohin mit mir, meine Kompassnadel gibt mir keine Orientierung, ich bin ein Massepunkt im kraftfreien Raum. Meine Bude ist keine Option jetzt, da alleine abhängen nach einem Wochenende wie diesem, das hatte ich oft genug in letzter Zeit, das ist das garantierte Globalminimum. Mein Blick klebt auf Miriam. Warum glotzt die mich eigentlich so an, durch ihre Panzergläser, mutiert die gerade zum Ameisenfrosch, oder was? Die glupscht mich an, als ob ich ein krass schräger Typ wäre. Drei sauber gestanzte Klonzellhaufen kommen mir entgegen, mit Anzug und Krawatte, das sind Siemensameisen auf ihrem Mittagsfreigang, Montag bis Freitag zwischen 11:30 Uhr und 13:30 Uhr, da krabbeln die aus ihrem Ameisenhaufen, da kriegen die für dreißig Minuten Auslauf, dann geht es zurück ins Insektenlaufrad. Warum ist Nick jetzt nicht hier? Miriam glupscht mich immer noch so an, meine Aggressionsöfen sind auf einmal auf Vollheizen gestellt, die hört jetzt auf, mich anzuglotzen, die hört jetzt auf, diesen Scheiß über mich zu denken, sofort. Mein Mund ist tierisch trocken. Ich kneife meine Augen zusammen und mache einen Schritt auf sie zu.

Was soll der Scheiß, sage ich wütend.

Miriam zuckt erschrocken zusammen. Sie macht den Mund auf und schnappt nach Luft.

Was glotzt du mich die ganze Zeit so an, Mann?, frage ich.

Miriam schüttelt den Kopf und rutscht ein Stück von mir weg.

Will die mir jetzt verklickern, dass ich mir das nur einbilde, oder was? Denkt die, ich bin komplett gehirnentkernt?

Ich weiß genau, was du denkst, sage ich, und mache noch einen Schritt auf sie zu.

Miriam legt eine Hand auf ihren Rucksack, das Ding sieht aus, als ob sie den zur Einschulung bekommen hätte, ich wette, da ist vorne die Biene Maja draufgedruckt.

Du glaubst wohl, sage ich – aber da springt Miriam auf und rennt los.

Ich schaue ihr hinterher. Dann ziehe ich die Schachtel aus meiner Tasche, fingere eine der vorgedrehten Tüten raus und gebe Feuer.

Scheißameise, sage ich, und laufe los.

Mein Körper gleitet durch die Straßen der Erlanger Altstadt. Meine Bewegungen haben kein Ziel. Und sie werden langsamer. Auf meinen Bildschirmen wimmelt es von Ameisen, beschlipste Siemensameisen, frisch frisierte Hausfrauenameisen, gestanzter Ameisennachwuchs. Ameisen auf allen Kanälen. Ich spüre etwas auf meinem Schädel, fängt es jetzt auch noch an zu regnen, oder was? Das kann doch nicht sein, Mann. Ich schaue nach oben, eben war da doch noch die Sonne, jetzt ist alles grau und zugezogen, genau wie meine Stimmung. Jetzt kapiere ich, dass mir da Ameisen entgegenprasseln, graue Ameisen, was ist denn das, ich drehe meinen Kopf schnell zur Straße, ich stoße frontal gegen irgendetwas, das ist einer dieser Anzugträger, dem fliegt eine Brezel aus der Hand, ich folge der Flugbahn von dem Teil, das ist eine Parabel, die kann ich mit einem Kräfteparallelogramm –

Wo hast du denn deine Augen, schnauzt der Typ mich an.

Ich schaue in eines dieser maximal inhaltsleeren Gesichter, die hier tausendfach kopiert die Straßen bevölkern. Und auf einmal fügt sich alles zusammen. Ich verstehe den Typen. Und die ganze Insektengesellschaft. Mein Erkenntnisbarometer springt auf eine neue Umlaufbahn. Typen wie der, die sind doch dafür verantwortlich, dass wir in dieser durchgestanzten Welt leben. In meinem Schädel schwappen Aggressionswellen von Synapse zu Synapse. Und plötzlich kann ich in die Zukunft sehen. Ich weiß, was jetzt passiert. Nein, ich will das nicht. Doch. Nein. Ich kämpfe gegen ein immer stärker werdendes Gravitationsfeld, ich will mich festhalten, irgendwo, ganz egal wo, aber ich kann nicht. Dann ist es zu spät. Dann gibt es kein Zurück mehr. Wieder einmal hat der zweite Hauptsatz sich durchgesetzt. Wieder einmal lachen die da oben sich ins Fäustchen. Ich fixiere den Typen vor mir, ich hole aus, ich beschleunige, und dann bohrt sich meine Faust in seine Magengrube. Das fühlt sich gut an, mächtig gut. Ich habe jetzt richtig Druck unter der Haube, in meinem Motorkortex läuft ständig der gleiche Befehl ein: Nachlegen, Fred, hol aus und leg nach, gib es ihr, dieser Ameise, gib es ihr dreckig. Dann sehe ich, wie der Typ sich krümmt und mich ungläubig ansieht. Mein Blick klebt auf diesem Nullachtfünfzehn-Ameisengesicht, auf dieser perfekt gestanzten Kopie, dann auf meiner Faust, und kurz darauf triggert das alles eine frische Schaltzentralen-Synchrondepolarisation. Ich hole aus und lege nach. Der Typ stöhnt auf und geht in die Vollkrümmung. In diesem Moment knallt mein Stimmungsbarometer nach unten, was geht denn hier ab, was mache ich denn hier, ich bin doch kein Schläger, der auf der Straße rumläuft und den Leuten seine Faust in den

Magen hämmert. Trotzdem, das hat sich gerade tierisch gut angefühlt. Ist das der zweite Hauptsatz? Im Vakuum beschleunigen eine Ameise und ein drei Tonnen schweres Gewicht gleich schnell. Und wie groß ist das Drehmoment einer Ameise nach zwanzig Metern Beschleunigung? Die Wolkenfront über mir öffnet sich, da tauchen die Umrisse von zwei riesigen Fratzen auf, die höhnisch in meine Richtung schauen.

Wir sind die Schöpfer, hallt es mir entgegen. Jedes Atom im Universum folgt unseren Gesetzen. So ist das heute, so war das vor Milliarden von Jahren, und so wird das immer sein. Die Naturgesetze sind die mächtigste Kraft im Universum.

Das ist mir Latte, Mann, brülle ich und schüttle meine geballte Faust zum Himmel. Das hier ist mein Leben. Und ich schere mich einen Dreck um eure Gesetze. Ich bin nämlich keine Ameise. In meinem Leben macht genau einer die Gesetze, und das bin ich. Und wenn ich – ein gewaltiges Donnern unterbricht mich, das ist unerträglich laut, ich presse die Handflächen auf die Ohren, ich schließe die Augen, ich muss das aushalten, ich darf jetzt nicht einknicken. Dann verwandelt sich das Donnern in ein schallendes Gelächter.

Niemand setzt sich über die Naturgesetze hinweg, hallt es vom Himmel. Niemand entzieht sich unserer Macht.

Immer noch presse ich die Handflächen auf die Ohren. Ich lasse mich von denen nicht einschüchtern, Mann, ich lasse mich von niemandem einschüchtern, die können mich mal. Dann ist es komplett still. Ich öffne die Augen, da sehe ich wieder diesen Typen vor mir, der ist gerade dabei sich aufzurichten. Erst jetzt checke ich, was hier geht, die Warnsignale schießen mit Hochdruck durch meine Leitungen, ich muss weg hier, ich muss so schnell wie möglich weg hier.

Ich habe die Flügel eingefahren und renne. Er ist dicht hinter mir. Ich renne so schnell ich kann, vorbei am Paisley und Bogarts, die Hauptstraße runter, Richtung Marktplatz, die ganze Zeit höre ich sein Schnaufen, immer wieder streckt er seine Hand nach mir aus und will mich packen, aber er schafft es nicht, meine Motoren drehen auf Hochtouren. Rechts in die Wasserturmstraße, links in die Schiffstraße, was willst du von mir, geh sofort zurück an deinen Schreibtisch, deine Mittagspause ist doch schon längst vorbei, Mann. Am Altstädter Kirchplatz knalle ich frontal gegen eine Ameisenhausfrau, der fliegt die Einkaufstüte aus der Hand, irgendjemand brüllt mir wütend hinterher, ihr könnt mich mal, ihr könnt mich alle mal. Zurück auf die Hauptstraße, Richtung Berg. Er ist immer noch hinter mir. Ich renne und renne, plötzlich ist da dieses krasse Stechen in der Magengegend, ich renne weiter. Dann setzt der Schwindel ein. Meine Bewegungen werden langsamer, ich kann nicht mehr, alles dreht sich, mir ist übel, ich bleibe stehen und stütze mich auf die Knie. Ich habe die Augen geschlossen, gleich kommt er und packt mich, aber das ist mir egal, jetzt ist mir alles egal.

Dann spüre ich seine Hand auf meinem Rücken. Alles in mir rotiert, ich bin kurz davor zusammenzuklappen.

Alles in Ordnung?, fragt er.

Ich habe meine Augen fest geschlossen, meine Antennen sind komplett eingefahren, ich atme tief ein und wieder aus.

Brauchst du Hilfe?, fragt er.

Das Drehen wird schwächer. Ich öffne die Augen und schiebe den Oberkörper nach oben. Kurz darauf schwingt dieses 1-A Ottokatalog-Gesicht durch meine Sehnerven. Keine Ahnung, wer das ist. Aber ganz sicher nicht der Typ von vorhin. Ich drehe mich rasch zur Seite und schaue die Straße nach oben, vielleicht kommt der da noch oder wartet irgendwo. Aber ich kann nichts erkennen.

Alles in Ordnung, sage ich.

Du solltest dich setzen und ausruhen, sagt der Typ, und legt dabei schon wieder seine Hand auf meinen Rücken.

Ich habe doch gerade gesagt, dass alles in Ordnung ist, schnauze ich den Typen an. Dann haue ich seine Hand weg. Und fass mich nicht dauernd an, Mann, ich bin doch nicht dein Hund.

Überhaupt, sage ich dann, was soll der Scheiß, kümmere dich um deine eigenen Sachen, Mann. Mir ist heiß und schwindelig, der Typ stiert mich an wie noch einmal was, und auf einmal habe ich tierisch Lust, dem voll ins Gesicht zu spucken, einfach so, voll rein in das Scheißameisengesicht.

Ich laufe die Hauptstraße weiter nach unten. Miriam rennt vor mir weg – ich hämmere dem Typen meine Faust in den Bauch – die Verfolgungsjagd durch die halbe Stadt, immer wieder funken diese Bilder durch meine Lappen. Was geht denn hier ab? In was für einem Film bin ich denn gelandet? Und wo ist Nick? Wie kann der mich so tierisch hängen lassen? In diesem Moment steigt eine riesige Wutwolke in mir auf. Nick, immer wieder Nick, ich kann das nicht mehr hören, dieses Herumgejaule geht mir krass auf die Nerven, damit ist jetzt Schluss, der kann mich mal. Ich brauche eine Telefonzelle. Ich rufe Natalie an. Oder Tripster. Nein, Tripster ist doch schon lange nicht mehr da. Aber Mische. Erst Natalie und dann Mische. Oder Petra Hoffmann. Das ist es, ich rufe Petra Hoffmann an, Faitacher Vorwahl und dann die 351, ich brauche so schnell wie möglich eine Telefonzelle. Ich laufe immer weiter Richtung Berg, irgendwo da vorne links ist eine Telefonzelle, das weiß ich. Was geht denn jetzt ab, was ist denn das, auf einmal ist mir tierisch übel, auf einmal habe ich diesen fetten Würgereiz. Ich bleibe stehen, ich gehe in die Hocke, schon wieder dreht sich alles, ich kotze, nein, ich würge, es kommt nichts raus, außer gelbem Speichel kommt da rein gar nichts raus. Und trotzdem stehe ich hier und würge mir einen ab wie ein mickriger Wiederkäuer.

Ich fingere Münzen aus der Tasche und drücke die Teile nach und nach in den Schlitz. Meine Linke hält den Hörer, mit der Rechten tippe ich die Nummer von Petra Hoffmann, das Ganze läuft im Superzeitlupenmodus ab. Wie kriege ich diesen elenden Kotzgeschmack aus meinem Mund? Mein Blick klebt auf den kleinen quadratischen Tasten, wenn die Seitenlänge von diesen Teilen ein Zentimeter ist, wie lang ist dann die Diagonale? Da macht meine Hand eine starkstrommäßige Zuckung, einfach so, aus dem Nichts. Oder habe ich mir das nur eingebildet? Das werde ich klären, Mann. Ich schiebe meine Rechte ins Sichtfeld, fixiere das Teil und warte. Gleich weiß ich, was Sache ist. Ich starre auf meine Hand und – zack – da war es, kein Zweifel – zack – noch einmal, das ist eine 1-A Brownsche Bewegung, Mann, meine Hand zuckt durch die Gegend, als ob sie einen Stromstoß nach dem anderen bekommen würde. Wurzel zwei, das ist es, jetzt fällt es mir wieder ein, das weiß doch jeder Grundschüler, eins Komma eins vier eins – zack – schon wieder, meine Hand zuckt ein paar Zentimeter nach oben – dann zur Seite – was geht denn hier ab, wollen die da oben mir jetzt ihre Macht beweisen, oder was. Das können die vergessen, Mann. Ihr könnt mich mal, rufe ich, und schiebe dabei meine Faust zum Himmel, ihr – plötzlich fängt mein ganzer Oberkörper an zu zucken – zack – dekomprimiert mein Nervensystem jetzt total, oder was – zack – mein Oberkörper knallt ein paar Zentimeter nach vorne – zack – und zurück – zack – mein Oberkörper zuckt auf der Dreisekundenfrequenz durch den Raum, mir ist ganz anders in der Birne, mir ist heiß, krass heiß, ich will, dass das aufhört. Ich muss runterkühlen. Ich schließe meine Augen, ich atme tief ein und wieder aus. Aber auf einmal taucht da dieses Teil auf. Was ist denn das? Erst sehe ich nur einen kleinen hellen Punkt, der sich auf meine Retina verirrt hat, aber das Teil wird langsam größer. Dann erkenne ich, nein, das kann doch nicht sein, doch, das ist eine Ameise, und die kommt näher, immer näher kommt die, jetzt checke ich, was geht, das ist keine normale Ameise, das ist eine Riesenameise. Scheiße, Mann, was geht denn hier, alles in mir schaltet auf Alarmzustand, mein Herz schlägt jetzt im Vierfachbeat, meine Schweißdrüsen pumpen auf Maximaldruck, dann lieber Kotzanfälle oder Zuckungen. Das ist doch eine Hallu, auf jeden Fall ist das eine Hallu, so etwas gibt es doch nicht, das Teil kommt direkt aus Jurassic Park, das hat einen Krokodilschädel, fußballgroße Insektenaugen und ein Gebiss, das bei jedem Tritt auf- und dann wieder zuschnappt, auf und zu, auf und zu. Ich muss so schnell wie möglich raus aus diesem Film. Meine Schaltzentrale schaltet auf Dauerfeuer

Richtung Bewegungsapparat, aber da passiert nichts, da passiert überhaupt nichts, mein Körper ist wie festgenagelt. Das Teil kommt immer näher. Die ganze Zeit ist das Gebiss von diesem Vieh am Schnappen, auf und zu, auf und zu, auf und zu, dann steht dieses Ameisenungeheuer direkt vor mir. Ich bin wie festbetoniert. Ich schreie los. Ich schreie, so laut ich kann. Ich schreie und schreie und schreie. Dann schiebt es mich direkt in den Blackout.

Ich liege auf der Matratze in meiner Bude. Es ist dunkel draußen. Ich habe keine Ahnung, wie ich hierhergekommen bin. Ich fingere eine Zigarette aus der Schachtel, ich schiebe mir das Teil zwischen die Lippen, ich gebe Feuer, und in diesem Moment schießen diese Erinnerungsfetzen durch meine Lappen. Was für eine monstermäßige Lust ich hatte, meine Faust in diese Ameisenmagengrube zu versenken. Das sollte ich öfters machen. Morgens vor der Schule sollte ich mich vor das Siemensianerhauptgebäude stellen. Das ist es. Wenn die sich nicht selber auflösen, dann muss man nachhelfen. Mann, hat der Typ mich gejagt, der hat sich ja gar nicht mehr eingekriegt, durch die halbe Stadt hat der mich verfolgt. Und dann – nein, jetzt nicht – diese Riesenameise – weg damit, weg mit diesen Gedanken – die kam immer näher, die wurde immer größer, drei Sekunden länger und – das habe ich mir doch nur eingebildet, Mann, das gibt es doch nicht. Und die Verfolgungsjagd mit dem Typen, habe ich mir das auch nur eingebildet? Und die Faust, die ich ihm in den Magen gerammt habe? Die Gedanken schießen in dichter Folge durch meine Schaltungen, ich weiß nicht, was ich glauben soll. Die Riesenameise war doch da. Die stand doch direkt vor mir. Das habe ich mir doch nicht eingebildet. Ich bin auf Kurzschluss gepolt, meine Leitungen laufen heiß, die Gedankendichte in meinem Schädel überschreitet die Kapazitätsgrenze, aufhören, schreie ich und schüttle dabei die geballte Faust zur Decke, sofort aufhören. Aber die da oben scheren sich einen Dreck darum, immer wieder feuern die die gleichen Gedanken durch meine Leitungen, Riesenameise, ja oder nein, Siemensianer, ja oder nein, Hoffmann, ja oder nein, ja oder nein, ja oder nein – ich weiß nicht mehr, was ist und was nicht, meine Realitätslappen stehen kurz vor der Selbstverflüssigung. Ich knalle die Augendeckel nach unten und konzentriere mich auf das schwarze Nichts. Runterkühlen. Ich muss unbedingt runterkühlen. Dann drückt es mich weg.

Ich stehe vor einem breitschultrigen Typen mit Cap und schwarzer Alpha Industries-Jacke, hinter dem ist eine große Holztür. Der Typ sieht mich für einige Sekunden an, dann schüttelt er den Kopf.

Du bist zu jung, sagt er.

Aber hier geht es doch nicht um das Alter, sage ich.

Er zündet sich eine Zigarette an. Er nimmt mehrere lange Züge und schaut mich dabei nachdenklich an. Dann schnippt er das Teil auf den Boden.

In deinem Alter kann man das noch nicht sagen, sagt er.

Aber das ist doch klar, Mann, sage ich.

Er schüttelt den Kopf.

Du bist auf einem guten Weg, sagt er. Aber noch ist nichts entschieden.

Als ich am nächsten Morgen aufwache, fühle ich mich gut. Die Leitungen in meiner Schaltzentrale sind komplett gereinigt und wieder auf normale Geschwindigkeit gestellt. Ich bewege mich zur Anlage und schiebe ein Tape rein. Ich schnappe mir die zwei Bananen, die in der Küche herumliegen, dann drehe ich mir eine Tüte und gebe Feuer. Ich schaue zur Decke. Und plötzlich rauschen die Glückshormone mit Hochdruck durch meine Leitungen. Niemals Ameise, ja Mann, das ist es. Sein Ding knallhart durchziehen. Sich durch nichts abbringen lassen. No regret. Genau so mache ich das. Genau so werde ich das immer machen. Meine Hand ballt sich zu einer Faust und fliegt nach oben. Ihr könnt mich mal. Ihr könnt mir gar nichts.

41

Ich hänge vollentspannt auf der Matratze ab, irgendein House-Tape blubbert und zwitschert durch das Zimmer, zwischen meinen Lippen klebt eine Tüte, die im ViervierteIbeat Rauchzeichen zur Decke schickt. Dann läuft bei mir die Meldung ein, dass da ein Klingelton im Raum herumschwirrt. Ich schiebe mich nach oben und beschleunige zur Tür.

Eyyy – auf meinen Bildschirmen taucht ein großer Klumpen Fleisch auf, es dauert einen Moment, bis ich raffe, dass das der Dicke ist. Den habe ich ja ewig nicht gesehen, Mann. Mein Blick klebt auf dem, ich warte auf ein Signal, aber da kommt nichts. Der steht vor mir und schnauft und glotzt mich an.

Was geht, Mann?, frage ich.

Der Dicke ist immer noch am Glotzen, aber bringt keinen Ton raus, so langsam mache ich mir Sorgen, dass sein Sprachlappen sich aufgelöst hat. Aber dann kommt Bewegung auf seine Lippen.

Was ist denn mit dir los?, fragt der Dicke.

Was soll los sein?, frage ich.

Der Dicke schnauft, dann schiebt er seine Hand zum Halt gegen den Türrahmen.

Du siehst kaputt aus, sagt er. Dann bewegt er seinen

ausgestreckten Zeigefinger in meine Richtung, mein Blick bleibt auf dem Finger kleben, das Teil erinnert mich an eine Mettwurst, Mann.

Du bist total bleich, sagt der Dicke.

Die Schallwellen vom Dicken stoßen auf meine Trommelfelle, kurz darauf flackern seine Worte stromstoßmäßig durch meine Leitungen. Kaputt, bleich, was soll der Scheiß, Mann, komm mir doch nicht so, ich fühle mich gut, verdammt gut. So einen Text muss ich mir nicht geben.

Das wars?, frage ich und lege meine Hand auf den Türgriff. Die Augen vom Dicken folgen meiner Hand. Plötzlich hat der diesen weinerlichen Gesichtsausdruck drauf, und das bringt meine Mitleidsgeneratoren zum Pumpen. Ich ziehe die Hand von der Klinke und berühre den Dicken am Arm.

War nicht so gemeint, Mann, sage ich.

Der Dicke nickt und beruhigt sich. Oder nein, doch nicht, was geht denn jetzt ab, das Gesicht vom Dicken verformt sich immer weiter, das eben war nur ein lokaler Wendepunkt, warum bleibt der nicht einfach auf Normalzustand, Mann, was soll das? Dann hat der Dicke auf einmal diesen tierisch besorgten Gesichtsausdruck drauf. Meine Temperaturfühler fangen an zu vibrieren. Wenn der mir jetzt mit einer Mitleidsnummer kommt, Mann –

Ist Hans hier?, fragt der Dicke.

Hans, wovon redet der? Der Dicke starrt mich an, ich starre zurück, dann checke ich, dass der den Tripster meint. Was soll das? Den Tripster, den haben die doch weggesperrt.

Wovon redest du, Mann?, frage ich.

Der Dicke sieht aus, als ob sich gerade die Hälfte seiner Gehirnzellen verabschiedet hätte.

Ist Hans bei dir?, fragt er wieder.

Plötzlich springt mein Aggressionspegel nach oben. Will der mir sagen, dass ich in die Klapse gehöre, oder was? Ich packe den Dicken an den Schultern.

Was soll der Scheiß, Mann, fauche ich ihn an. Willst du mich verarschen, oder was? Der ist doch in der Geschlossenen, Mann.

Der Dicke zuckt heftig zusammen und schüttelt den Kopf. Meine Hände kleben an seinen Schultern, ich schüttle den, warum zieht der hier so eine Nummer ab, der Dicke schüttelt immer noch den Kopf, und da legen sich bei mir die Schalter um. Ich lasse ihn los.

Das meinst du nicht ernst, Mann, sage ich.

Ich schaue den Dicken an, und in dem Moment weiß ich, dass das stimmt. Tripster ist zurück. Die haben den rausgelassen. Meine Schaltzentrale geht auf Feuerwerksmodus, auf meinem Gesicht breitet sich ein dickes Grinsen aus. Die haben den endlich rausgelassen.

Ist Hans bei dir?, fragt der Dicke und schiebt dabei seinen Kopf an mir vorbei Richtung Zimmer.

Das habe ich dir doch schon dreimal gesagt, Mann, sage ich und schüttle den Kopf. Aber von mir aus kann der Dicke mir jetzt auch noch fünfhundert Mal die gleiche Frage stellen. Die haben den Tripster rausgelassen. Ich schwebe zehntausend Meter über der Erdoberfläche.

Scheiße, sagt der Dicke, verdammte Scheiße.

Was ist denn los, Mann?, frage ich.

Hans war gestern früh auf einmal da, sagt der Dicke und schnauft, aber am Abend ist er dann wieder verschwunden. Und Andi sagt, dass Hans entweder bei dir ist oder dass er wieder in den Wald gegangen ist.

Na und?, frage ich.

Wenn der in den Wald gegangen ist, sagt er, dann ist alles vorbei. Sagt Andi auch.

Ich schaue in das weinerliche Gesicht vom Dicken und bekomme schon wieder mächtig Druck auf die Mitleidsdrüsen. Der hat echt null Durchblick, Mann. Der bekommt das Flattern, weil so ein Typ wie der Andi irgendetwas sagt. Dabei hat der Andi doch überhaupt keine Ahnung.

Mach dir keinen Kopf, Mann, sage ich. Der Tripster hat das unter Kontrolle. Alles kein Problem, Mann.

Sag mal, sage ich dann. Was ist heute eigentlich für ein Tag?

Der Dicke sieht mich verdutzt an.

Samstag, sagt er.

Der Dicke macht den Abflug, ich drücke die Tür hinter ihm zu, durch meinen Schädel schwingen Wellen mit genau einer Frequenz. Tripster ist zurück. Die haben den rausgelassen. Die haben endlich geschnallt, dass der kein Problem hat. Das hätte ich denen auch gleich sagen können, Mann. Der ist doch total klar in der Birne. Der gehört doch nicht in die Geschlossene. Die Glückshormone drücken mit Hochdruck durch meine Leitungen. Ich mache zwei Schritte zum Telefon. Ich will Nick anrufen. Ich muss dem sofort stecken, dass die den Tripster rausgelassen haben. Vielleicht rafft der dann, wie krass falsch er liegt. Vielleicht kommt der dann endlich wieder mit raven, Mann. Ich halte den Hörer in der Hand, mein Finger steckt in der Wählscheibe, aber noch bevor ich das Teil zum Drehen bringe, klickt es bei mir. Das bringt doch nichts. Der ist doch voll im Ameisengravitationsfeld. Ich schiebe den Hörer auf die Gabel. Ich spüre den Strom auf meinen Enttäuschungslappen. Wenn das so weitergeht, fange ich gleich wieder an zu flennen, Mann. Nein, nicht mit mir, nicht jetzt, ich gebe mir einen Tritt, ich packe mich am eigenen Schopf, dann mache ich den Abflug aus dieser Sturzflugeinlage. Tripster ist zurück. Das lasse ich mir doch nicht versauen, Mann. Nicht von Nick, nicht von irgendeiner anderen Ameise. Heute wird gefeiert. Kurz darauf stehe ich wippend vor der Anlage, ich krame durch die Tapes, irgendwas mit richtig Druck brauche ich jetzt, da ist das Derrick May-Tape, das ist es, das ist genau das Richtige, Mann.

Ich hänge als dampfendes Stück Fleisch auf der Matratze. Ich schwinge auf der Glücklichkeitskurzwellenfrequenz. Ich drehe Tüten. Ich schiebe frische Tapes ins Deck, Väth, Westbam, George Morel, zwischendurch knallt es mich auf einen 1-A Fressfilm, im Morel-Set kommt Strom auf meine Erinnerungslappen. Eine geballte Faust, die mit voller Wucht in einen Ameisenmagen hämmert. Das war der perfekte inelastische Stoß, Mann, das muss ich unbedingt dem Schneider erzählen. Ein Raver, der im freien Fall durch die Stadt hetzt. Was schwirrt da schon wieder in meiner Schaltzentrale herum, was soll das? Ich schließe die Augen, dann drücke ich diesen Neuronendünnsaft mit voller Wucht gegen die Schädeldecke. Was willst du hier, raus mit dir, ich drücke immer fester, raus hier, sofort raus hier. Ich schiebe mich nach oben. Es ist Samstag, Mann, die haben den Tripster rausgelassen, heute wird monstermäßig gefeiert. Ich mache zwei Schritte zum Regal, ich ziehe den schwarzen Beutel aus dem Ordner, dann lasse ich den Inhalt auf den Teppich gleiten. Meine Schalter klicken in den Entspannungsmodus. Ich bin 1-A ausgestattet. Mit dem Zeug, das hier vor mir liegt, schieße ich mich in eine 36-stündige Vollvibration. Und das ist genau, was ich jetzt brauche. Das bin ich Tripster schuldig.

Ich liege flachgedrückt auf der Matratze, die Leitungen in meiner Birne sind komplett vernebelt. Es ist dunkel. Kurz bevor es mich wieder wegdrückt, funkt die Meldung durch meinen Schädel, dass es Samstagnacht ist. Samstagnacht, Mann. Und ich klebe hier auf meiner Matratze. Was soll das? Ich bin doch nicht zum Abhängen auf der Welt. Ich bin doch keine Ameise. Ich will raven. Meine Finger tasten nach dem Lichtschalter. Es ist kurz nach zwölf. Ich schalte auf Vollbeschleunigung. Weißes Pulver strömt durch meine Nasenflügel. Ich checke meine Klamotten und mein Material, ich drehe eine Tüte und schnappe mir Geld. Dann mache ich den Abflug zum Bahnhof.

Ich laufe auf dem Kiesweg zum Boot. Vor mir sind zwei Ravergrüppchen, die Basswellen bringen meine Gehörknöchelchen zum Vibrieren, dann taucht das Boot auf meinen Bildschirmen auf. Meine Stimmungsnadel taucht in ein Hochdruckgebiet ein. In Faitach liegen die Ameisen in ihren Betten und träumen von der nächsten Beförderung oder dem neuen Miele Staubsauger, von denen lebt doch keiner, Mann, die können sich doch alle auch sofort auflösen, das würde doch überhaupt keinen Unterschied machen, aber ich – ich schließe die Augen, ich hebe ab vor Glück und schwebe die letzten Meter Richtung Boot.

Der Typ an der Tür nickt mir zu, dann laufe ich über den metallenen Steg durch den Vorhang nach innen. In genau diesem Moment fährt die Superfrog an, die habe ich mir vorhin am Bahnhof gelegt, Mann, gibt das Teil jetzt Druck. An der Kasse sitzt Tina, der lege ich einen Fünfer hin, pulsierende Klangwellen schwappen mir entgegen, zuckende Körper ziehen zur Eisentreppe und verschwinden auf dem Weg nach unten. Genau so mache ich das jetzt auch, da werde ich jetzt auch eintauchen, ich bin im Boot, hier bin ich zuhause, ganz Faitach löst sich in seine Insektenbausteine auf, meine Wohlfühlgeneratoren pumpen auf Höchstleistung. Ich bin voll drauf. Zuckend bewege ich mich auf der Eisentreppe nach unten, meine Kiefer sind im besten Mühlsteinmodus, Mann, geht das hier ab, die Klangwellen werden immer mächtiger, meine Vibrationen werden immer heftiger, ich muss so schnell wie möglich auf die Tanzfläche. Ich ziehe an der Bar vorbei, alles wippt und lächelt hier, dann bin ich da, endlich bin ich da. Stroboskopblitze prasseln auf uns herab, von allen Seiten kommt mir ein Lachen entgegen, alle hier sind so tierisch gut drauf, wir oszillieren auf der exakt gleichen Frequenz, wir wollen uns umarmen, wir sind eins. Ich schließe meine Augen. Dann breite ich meine Schwingen aus und fliege.

Ist Tom da?, frage ich.

Ich stehe oben an der Kasse vor Heiko, der starrt mich an und schiebt die Augenbrauen zusammen. Ich wippe zum Beat und sauge an meiner Zigarette, das Teil ist durch, ich schnippe es auf den Boden. Heiko bleibt stumm. Sonnenstrahlen blitzen von außen durch den Vorhang, für die Ameisen da draußen beginnt jetzt ein neuer Tag, für uns Raver geht es einfach weiter.

Ich habe den die ganze Nacht nicht gesehen, sage ich, und auf genau diesem Beat klickt es meinen Nasenflügel auf Vollbetäubung. Das Zeug ist 1-A, Mann, das merke ich jetzt, eben war ich auf der Toilette eine ziehen, meine erste Nase heute.

Oder ist der bei Uwe?, frage ich und nicke Richtung Steuerraum.

Hast du einen Knall, blafft Heiko mir entgegen, ich zucke zusammen, was geht denn mit dem ab, Mann.

Die Zecke kommt bei uns nicht mehr rein, Alter, sagt Heiko und fuchtelt dabei mit der rechten Hand in der Luft. Der hat uns lange genug ausgesaugt.

Was quatscht der da, Mann. Mein Blick klebt auf Heiko, ich bin am Rotieren, und auf einmal schnalle ich, was das für einer ist. Der fühlt sich gerade wie der fette Oberchecker, das kickt den gerade gewaltig durch.

Weißt du was, sage ich – aber ich breche ab, ich bin doch nicht bescheuert, Mann, ich fang doch jetzt nicht an, mit dem zu diskutieren. Der rafft doch gar nichts. Ich drehe mich um, ich schiebe dem meinen Rücken vor die Bildschirme, dann beschleunige ich Richtung Eisentreppe. Die lassen Tom hier nicht mehr rein, Mann. Das geht doch nicht, das können die doch nicht bringen. Ich komme nach unten, dann checke ich, was für ein 1-A Sonntagmorgensound gerade durch meine Gehörgänge fließt, *this is acid*, das packt mich sofort, alle sind so fröhlich und energiegeladen hier, *I'm gonna give you acid*, an der Bar, auf der Tanzfläche, überall vibriert es. Ich bewege mich zur Tanzfläche, zum Beat zuckend, meine Arme gleiten durch die Luft, alles lacht und wippt und schwingt hier. *This is acid. I'm gonna give you acid.* Ich federe über die Tanzfläche, ich bin bis oben gefüllt mit Energie, die Wahrnehmungssignale schießen mit Lichtgeschwindigkeit durch meine Leitungen. Bei diesen Geschwindigkeiten dürfen wir die relativistischen Effekte nicht vernachlässigen, Zeitdilatation, Längenkontraktion, die Relativität der Gleichzeitigkeit, ich hacke mit den Armen durch die Luft, Tripster läuft durch den Tennenloher Wald, mein Vater macht Kniebeugen vor dem Fernseher, Telegymnastik – aber Tom, wo ist Tom, der gehört doch hierher, das können die doch nicht bringen, Mann. Plötzlich checke ich, dass ich da jetzt sofort hoch muss, in den Steuerraum, zu Uwe.

Die Tür hinter der Kasse geht einen Spalt auf, ich schiebe mich in den Steuerraum, vor mir steht Uwe.

Hey Mann, sage ich und grinse und halte Uwe die Hand zum High-Five hin. Der stiert mich mit ausdruckslosem Gesicht an. Ich schaue zur Seite, auf der Bank liegen zwei Typen in der Horizontalen, die habe ich hier noch nie gesehen, Uwe hat immer noch dieses Mumiengesicht drauf, und auf einmal schwappt meine erste Ableitung in den tiefroten Bereich. Ich will weg hier, ich will so schnell wie möglich weg hier, zurück nach unten, tanzen.

Wird Zeit, dass du hier aufschlägst, sagt Uwe. Fast hätte ich den Jungs von der Tür – er stockt und sieht mich nachdenklich an.

Scheiß drauf, sagt er dann und zieht mich zum Tisch. Der eine Typ liegt immer noch in der Horizontalen, den hat es total weggedrückt, der andere ist gerade am Auftauchen, der schiebt sich auf der Bank nach oben, wie sieht der denn aus, Mann, der ist ja total verpickelt im Gesicht, den kann man ja nicht anschauen. Wir setzen uns ihm gegenüber, mein Blick schwenkt zu den Teilen, die Uwe da gerade aufzieht, und genau da bleibt er hängen. Das meint der nicht ernst, Mann. Vor Uwe liegen die beiden fettesten Lines, die ich je gesehen habe. Die sind doch jeweils einen halben Meter lang. Das kann der doch nicht bringen, das ist die garantierte Überdosis. Uwe rollt einen Schein. Bevor ich etwas sagen kann, beugt er sich über den Tisch und zieht eine der beiden Lines weg. Meine Wahrnehmungslappen fangen an zu rotieren. Was geht denn mit dem ab, Mann, wo will der sich denn hinschießen? Ich schwenke für einen Moment zu dem Typen mit den Pickeln, dann wieder zu Uwe, der hat seinen Kopf nach hinten gebeugt und ist tierisch am Schniefen. Und da kapiere ich, dass hier noch nicht einmal Musik läuft, das ist ja die volle Endzeitstimmung hier, das ist der Stimmungstiefpunktgenerator. Ich muss schleunigst weg hier, Mann. In diesem Moment meldet sich der Typ mit den Pickeln zu Wort.

Warum schmeißen wir die ganzen Pussies da unten nicht einfach raus, sagt er und hat dabei einen Gesichtsausdruck drauf, als ob er gerade die Einsicht des Jahrhunderts von sich gegeben hätte.

Uwe ist immer noch am Nachziehen, dann gibt er einen grunzenden Laut von sich, springt auf und macht zwei Schritte zur Tür.

Raus, schreit er, wir schmeißen die Pussies raus.

Ich zucke zusammen, wie geht denn der ab, Mann, das ist ja wie letzte Woche.

Raus, schreit Uwe noch einmal. Er schließt die Augen und stampft über die Planken des Steuerraums, seine geballten Fäuste hacken dabei durch die Luft, als ob irgendein Hardcorebeat durch den Raum schwingen würde. Plötzlich steht Uwe direkt vor mir und fixiert mich mit zusammengekniffenen Augen. Keine Ahnung, was das soll, Mann. Ruckartig bewegt Uwe seine Hand mit ausgestrecktem Zeigefinger zum Tisch.

Los geht's, sagt er.

Ich schaue auf seinen Finger, ich sehe eine Gerade, die sich Richtung Tisch zieht, zwei parallele Geraden schneiden sich im Unendlichen, das schnalle ich nicht, wie kann das sein, Mann, ist zwei plus zwei jetzt drei, oder was, mein Blick folgt der Geraden und landet auf der Line, und da checke ich, was Uwe von mir will.

Ich schüttle den Kopf.

Danke, Mann, sage ich, aber ich habe gerade schon gezogen.

Uwe steht regungslos vor mir, sein Finger zeigt immer noch auf die Line.

Los geht's, sagt er noch einmal, und jetzt klingt das wie ein Befehl.

Ich will langsam machen, sage ich, letzte Woche war ziemlich heftig, Mann.

Willst du mich verarschen?, faucht Uwe. Die Aggressionswelle trifft mich frontal, ich zucke zusammen, ich schaue zu dem Typen mit den Pickeln, aber der sitzt da, als ob er von der ganzen Nummer nichts mitkriegen würde.

Du ziehst das jetzt weg, sagt Uwe.

Mein Blick klebt auf der Line, ich weiß nicht, was ich sagen soll, ich will jetzt nichts ziehen und ganz sicher nicht dieses Mörderteil.

Sofort, brüllt Uwe.

Ich schalte auf Autopilot. Meine Hand bewegt sich zu dem Schein, der auf dem Tisch liegt, mein Oberkörper beugt sich über den Tisch, ich rolle den Schein und fummele das Teil in die Nase. Ich ziehe so langsam wie möglich. Ich kann das jetzt auf keinen Fall alles wegziehen, das ist viel zu viel, Mann, das haut mich total weg.

Ich setze ab und hebe den Kopf. Ich habe fast die Hälfte von diesem Riesenteil weggezogen, das ist das absolute Maximum, Mann, mehr geht auf keinen Fall. Ich lasse den Schein auf den Tisch fallen, ich lege den Kopf nach hinten, ich ziehe nach. Da spüre ich Uwes Hand auf meiner Schulter.

Du ziehst das jetzt weg, sagt er. In meinem Schädel beginnt es sich zu drehen. Ich schüttle den Kopf.

Wegziehen, brüllt Uwe.

Ich schüttle noch einmal den Kopf.

Uwe stiert mich mit zusammengekniffenen Augen an, und in diesem Moment verwandelt sich seine rechte Hand in eine pulsierende Faust. Ich weiß, was jetzt passiert. Gleich wird er ausholen und seine Faust in meine Richtung beschleunigen. Dann wird mich das Teil im Gesicht treffen, es kommt zum elastischen Stoß, zur perfekten Impulsübertragung, die Faust bremst ab, und mein Schädel wird beschleunigt. Ich schaue immer noch auf seine Faust. Gleich geht es los, Mann. Da dreht Uwe mir ruckartig den Rücken zu und macht zwei Schritte vom Tisch weg zur Anlage. In dem Moment klickt es bei mir durch. Ich muss raus hier, ich muss so schnell wie möglich raus hier. Ich springe auf und beschleunige zur Tür.

Auf dem Kiesweg vor dem Boot klinke ich mich bei zwei Nürnbergern ein, die habe ich schon öfters hier gesehen, die sind cool. Wir legen uns auf die Wiese und rauchen Tüten, die Sonne schickt ein Energiebündel nach dem anderen in unsere Richtung, wir sind im Vollentspannungsmodus. Irgendwann checken wir ins Belly. Da ziehe ich sofort durch alle Räume, ich will sehen, ob Tom da ist, aber der ist nicht da, auch Uwe ist nicht da, aber den will ich sowieso nicht sehen. Dann lege ich mir eine Pille und tauche ab. Ich bin ein Raver. Ich vibriere durch die Nacht.

Dann ist auch im Belly Schluss. Irgendwie komme ich nach Erlangen in meine Bude, es ist kurz nach halb acht, eigentlich ist jetzt Schule dran, aber das packe ich heute nicht. Ich liege auf der Matratze und entspanne. Dann klingelt es. Ich drücke mich nach oben und laufe zur Tür. Ich drehe den Schlüssel nach links, drücke den Türgriff nach unten, das alles im niedrigsten Drehzahlbereich, mehr ist nach diesem Wochenende nicht drin. Dann taucht da Tripster auf meinen Bildschirmen auf. Der steht da, als ob es das Normalste der Welt wäre, dass er jetzt hier ist. Als ob er nie weggewesen wäre. Tripster steht vor mir und macht einige kantige Bewegungen mit seinem rechten Arm, in meinem Schädel öffnen sich die Glücksschleusen, er grinst breit.

Mann, Tripster, sage ich und lege ihm den Arm über die Schulter.

Die Schwebesounds von Cosmic Baby fließen durch den Raum, warme, langgezogene Klänge umhüllen mich, ich hänge auf der Matratze und drehe eine Tüte, Tripster steht mitten im Raum und macht Roboterbewegungen zur Musik. Meine Augendeckel wollen auf Sinkflug, der Tütendauerbeschuss drückt meine Energiereserven zum Nullpunkt, der Nebel in meinem Schädel nimmt ständig zu, aber Tripster will mehr, die ganze Zeit will er mehr, wir ziehen uns hier eine Tüte nach der anderen rein, und der kriegt nicht genug. Ich checke das schon, die haben den da total ausgetrocknet, Mann, monatelang haben die dem nichts gegeben, aber ich kann trotzdem nicht mehr. Ich gebe Feuer, ich mache zwei Züge, dann schiebe ich ihm das Teil hin, weg damit. Tripster übernimmt, dabei ist er am Reden, seit der hier eingelaufen ist, hört der nicht auf, Schallwellen durch den Raum zu feuern, ich lehne mich zurück und versuche, die Augen offenzuhalten.

Das war die vollständige Transformation, sagt Tripster. Ich schaue auf seinen Arm, der steuert mit abgehackten Bewegungen durch die Luft, ich sehe einen fleischfarbenen Tetris-Baustein vor mir – rechts – rechts – Drehung – links – irgendwo sitzt da jemand und steuert das Teil – Drehung – links – links – dazu der Sound von Cosmic Baby, das ist 3D-Tetris im Weltraum. Der Schleier vor meinen Augen wird immer stärker.

Das war die Transzendenz der Erfahrung, sagt Tripster und bewegt dabei die Hand mit der Tüte zu seinem Mund.

Transzendenz der Erfahrung, keine Ahnung, was das heißen soll, ich bin viel zu plattgedrückt, um überhaupt irgendetwas zu verstehen.

Ich dachte, sagt er, dass es um das Sehen und Hören geht. Tripster geht in die Knie, dann hält er die Hände von hinten an die Ohren und gibt dabei ein Rauschen von sich. Schhhhh… schhhhh… schhhhh…, wir sind taub und blind, sagt er und zuckt mit seinem Kopf ruckartig vor und zurück, voll indianertanzmäßig, schhhh… schhhh… schhhh…, taub und blind sind wir, taub und blind. Plötzlich schießt sein Körper nach oben, und er lacht kreischend auf. Sehen und hören, kreischt er und macht dabei hüpfende Bewegungen vor mir, sehen und hören. Dabei war das nur die Vorbereitung, seine Stimmbänder vibrieren jetzt im Hochfrequenzbereich, dabei war das nur die erste Stufe. Auf einmal kommt Tripster zur Ruhe.

Jetzt habe ich verstanden, sagt er dann. Jetzt habe ich verstanden, worum es wirklich geht.

Worum es wirklich geht, die Worte von Tripster funken durch meine Leitungen, da taucht mein Vater auf meinen Bildschirmen auf, der sitzt in seinem Ameisenkostüm im Siemensgroßraumbüro. Links und rechts von ihm sitzen Ameisenkopien, vor und hinter ihm sitzen Ameisenkopien, identische Ameisen, im identischen Kostüm, an identischen Schreibtischen, ein riesiger herausgeputzter Insektenhaufen ist das. Warum stehen die jetzt nicht alle auf, fahren mit dem Aufzug in den zwanzigsten Stock und springen gemeinsam aus dem Fenster? Warum kommt da jetzt kein großer Stiefel und tritt einmal anständig drauf? Dann ist da wieder Tripster, der vor mir steht und mich anstiert. Wenn der mir jetzt die Tüte gibt, drückt es mich komplett weg.

Wir müssen das Universum fühlen, sagt Tripster. Er legt den Kopf in den Nacken und schiebt die Arme trichtermäßig vor seinen Oberkörper. Wenn wir das Universum fühlen, Tripster redet jetzt lauter, dann öffnet es seine Poren. Dann fließt die Energie des Kosmos in unsere Körper. Tripster hat den Rücken jetzt leicht nach hinten gebogen, mit seinen Armen fuchtelt er zur Decke. Da klickt es bei mir. Das ist es, Mann. Das ist die Lösung. Tripster vibriert schon wieder auf der perfekten Wellenlänge. Wir müssen uns mit dem Universum verbinden. Und dann nutzen wir die steigende Unordnung des Universums als Energiegenerator. Ich balle meine rechte Hand zu einer Faust und schiebe sie zur Decke. Da seht ihr es, Albert Einstein, Max Planck und wer da noch so sitzt, wir zeigen es euch. Von euch lassen wir uns gar nichts sagen. Der zweite Hauptsatz, der ist was für Ameisen, ich will aufspringen und

Tripster umarmen, aber das kann ich nicht, mein Arm sinkt auf die Matratze, kurz darauf klappen meine Augendeckel nach unten.

Das Universum ist grenzenlos, höre ich Tripster flüstern. Und wenn wir uns mit dem Universum verbinden, dann gibt es auch für uns keine Grenzen.

Das klingt nach dem, was eben noch durch meinen Schädel gefunkt ist, und trotzdem checke ich jetzt gar nichts mehr. Die letzte Tüte hat mir den Rest gegeben. Die drückt mich mit voller Wucht gegen die Wand.

Als wieder Strom auf meine Bildschirme kommt, steht Tripster mit dem Rücken zu mir vor dem offenen Fenster. Mein Blick geht an ihm vorbei durch das Fenster auf den blauen Himmel.

Die Energie des Universums ist grenzenlos, flüstert Tripster, dann macht er einen Schritt nach vorne, fasst mit den Händen an den Fensterrahmen, hebt das linke Bein, dann das rechte, und auf einmal sitzt der in Hocksitzhaltung auf dem Fensterbrett. Was soll denn das, Mann? Checkt der nicht, dass wir hier im siebten Stock sind? Komm da sofort runter, will ich rufen, du musst da sofort weg. Meine Schaltzentrale feuert wie wild Richtung Sprachmuskulatur, aber da tut sich genau null Komma null. Ich will aufspringen und Tripster packen, ich will ihn da wegholen, aber ich kann mich nicht bewegen. Ich starre mit geöffnetem Mund auf Tripster. Ich schwitze. Tripster dreht sich zu mir und grinst. Ich liege da wie eingefroren und kriege keinen Ton raus. Tripster dreht sich wieder nach vorne, dann lässt er den Fensterrahmen los – nein, was soll das, das kann doch nicht sein – er beugt sich leicht nach vorne – nein, will ich schreien, nein, nein,

nein – dann ist er weg. Ich starre auf den Fensterrahmen. Eben saß da doch Tripster. Mein Blick kriecht im Schneckentempo durch das Zimmer, wo ist Tripster? Dann setzt der Schub nach hinten ein, und meine Augendeckel klappen nach unten.

Ich schrecke auf. Von draußen schwingen Stimmen in mein Zimmer, ich schaue zum Fenster, ich denke an Tripster, dann klickt es bei mir. Tripster war gar nicht hier. Das hat mich tierisch weggedrückt vorhin, dann hat es in meinen Phantasielappen wild gefunkt und sonst gar nichts, Mann. Die Spannung in meinem Körper nimmt schlagartig ab, ich fingere eine Zigarette aus der Schachtel, dann gebe ich Feuer und lehne mich zurück. Die haben den Tripster gar nicht rausgelassen, Mann, auch das habe ich – die Stimmen von draußen werden immer lauter, die kommen vom Parkplatz, was geht denn da ab, ist das ein Parkplatzrave, oder was? Ein Parkplatzrave vor meiner Bude, meine Mundwinkel spannen sich zu einem breiten Grinsen, wie abgefahren ist das denn. Mein Grinsen wird immer breiter, aber plötzlich schiebt es jedes einzelne meiner Moleküle in die Schockstarre. Das sind doch Sirenen, Mann. Nein, das kann nicht sein. Die kommen nicht hierher. Ich bin ein sechsundsiebzig Kilogramm schwerer Klumpen Eis. Die Sirenen werden immer lauter, ich liege bewegungslos auf meiner Matratze, ich gehe jetzt nicht zum Fenster, ich gehe da jetzt auf keinen Fall hin. Ich drehe meinen Kopf zur Seite, und in diesem Moment sehe ich den Rucksack von Tripster.

TRACKLIST

Break on Through (to the Other Side),
The Doors, 1967 (S. 25)

The Power of Love,
Jennifer Rush, 1984 (S. 33)

Just like Heaven,
The Cure, 1987 (S. 64)

Can you feel it,
Mr. Fingers, 1986 (S. 93, S. 97, S. 213)

Higher State of Consciousness,
Josh Wink, 1995 (S. 98)

Hier kommt Alex,
Die Toten Hosen, 1988 (S. 124)

Mouth for War,
Pantera, 1992 (S. 163)

Terminator,
Metal Heads, 1992 (S. 200)

Dominator,
Human Resource, 1991 (S. 221 f.)

This is Acid,
Maurice Joshua, 1988 (S. 245)

Bonustrack

Harlequin – The Beatuy and the Beast

Sven Väth, 1994